[美] 三位入门者 —— 著

艾琦 —— 编译

秘密之书
赫尔墨斯智慧秘典

The Book of Secrets

华夏出版社

图书在版编目（CIP）数据

秘密之书：赫尔墨斯智慧秘典/（美）三位入门者著；艾琦译. — 北京：华夏出版社，2016.2（2025.4重印）
书名原文：The Kybalion
ISBN 978-7-5080-8722-1

Ⅰ.①秘… Ⅱ.①三…②艾… Ⅲ.①人生哲学–通俗读物 Ⅳ.①B821-49

中国版本图书馆CIP数据核字（2016）第014574号

译者注©艾琦
版权所有，翻印必究

## 秘密之书：赫尔墨斯智慧秘典

| | |
|---|---|
| 作　　者 | [美]三位入门者 |
| 译　　者 | 艾　琦 |
| 责任编辑 | 陈　迪 |

| | |
|---|---|
| 出版发行 | 华夏出版社有限公司 |
| 经　　销 | 新华书店 |
| 印　　刷 | 三河市万龙印装有限公司 |
| 装　　订 | 三河市万龙印装有限公司 |
| 版　　次 | 2016年2月北京第1版　2025年4月北京第4次印刷 |
| 开　　本 | 880×1230　1/32开 |
| 印　　张 | 8.5 |
| 字　　数 | 160千字 |
| 定　　价 | 42.00元 |

**华夏出版社有限公司**
网址：www.hxph.com.cn 地址：北京市东直门外香河园北里4号 邮编：100028
若发现本版图书有印装质量问题，请与我社营销中心联系调换。电话：（010）64663331（转）

Contents 目录

译序 001
引言 005
第一章 赫尔墨斯哲学 001
第二章 赫尔墨斯七大原理 013
第三章 心智原理 031
第四章 一切万有 043
第五章 心智宇宙 057
第六章 神圣的悖论性 073
第七章 一切万物中的一切万有 093

Contents 目录

第八章　对应原理　113

第九章　振动原理　135

第十章　极性原理　151

第十一章　律动原理　169

第十二章　因果原理　187

第十三章　性别原理　205

第十四章　心智的性别　219

第十五章　赫尔墨斯格言　239

# 译序

几年前就喜欢上了这本称为 *The Kybalion*（音译《凯巴林》，以下同指代本书）的小书，而且对它的喜爱与日俱增。虽然一直打算将它译成中文，但却迟迟未能动笔。尽管如此，无论是工作上还是私人生活中，都一直将书中的赫尔墨斯教导"对号入座"，以其指导自己的工作与生活，用"受益匪浅"来形容所获得的结果，实在是轻描淡写了。

几年来一直没有动笔翻译这本书，也许在潜意识中知道时机未到吧。几年前的我徒有热忱，却缺乏一种宁静。而在我心目中，这本书如一块碧玉，虽然不是那么透明易懂，甚至还显得有些冷凉，它却是世间的无价之宝。能够滋育它的不是烈火，而是山间的清泉。

翻译这本书这一年是我最"安静"的一年，静养的一年。除了工作需要，几乎是大门不出二门不迈，也几乎断绝了一切"外界联络"。虽然肉身居于闹市，但感觉上和住在山间小屋并没有太大的区别。而这种"蛰居静养"却不是刻意安排的，确实没有过"远离尘嚣，闭门翻译"的计划。冥冥之中，甚至是"不得不"就有了这"静静的一年"，也因此能够在清净、冷静、宁静的状态中翻译这本书。

这本书的作者自称"三位入门者"，他（们）究竟是何许人，自从这本书问世以来，人们对此猜测纷纷，众说纷纭，迄今为止一直是一个谜。不过这并不影响这本书的广泛传播，书中的智慧便是令人不惧巷深的酒香。

为了使书中所介绍的赫尔墨斯智慧抵达更多的人，尽管自知才疏学浅，理解有限，文字驾驭能力也有限，但还是带着这个美好的愿望，冒着画蛇添足之险，为赫尔墨斯七大原理及其实际应用做了一些简单的诠释。我的建议是，尽量只读译文，感觉需要有"引玉之砖"来获得灵感的话，读一读我添加的笔墨（楷体字部分）也好。毕竟这些只是我的个人理解，有可能唤起灵感的同时，也可能会限制人们的思路。

## 译序

宇宙是有法则的，有其规律，无论你是否认识与了解它们，它们都无时无刻不在运作。与其被动地被宇宙法则牵着鼻子走，不如去认知它们，主动地运用它们，从而掌握力量的权杖，驾驭自己的人生。这也是我翻译并试图以自己的微薄之力诠释这本书的原因。希望这本书能够对那些渴望做主自己人生的人提供一些帮助。

如前所述，无论在工作上还是生活中，赫尔墨斯教导所揭示的七大宇宙原理为我带来的启发与助益都很大。我相信，有缘（或者说已准备好）遇到此书的人，也会从中受益的。试试看吧！

# 引言

带着喜悦,我们将这本基于古老的赫尔墨斯教导(Hermetic Teachings)的小书呈现给那些对神秘教理感兴趣的学生与探索者们。尽管历史上涉及神秘学的文献数不胜数,但以此为主题的资料却少而又少,因此,那些诚心寻找神秘真理的人无疑会欢迎这本书。

本书的目的并不是为了阐述任何特定的哲学或教理,而是为了带给学生们一个关于真理的综述,以助他们将自己所拥有的众多神秘知识碎片整合在一起。这些知识碎片有时看上去是互相矛盾的,一些初学者也往往会因此而感到气馁甚至反感。我们的目标并不是建造一座新的知识圣殿,而是将一把万能钥匙放在业已进入神秘之殿的学生手中，使他们能够借此打开圣殿中的一道道门。

世上林林总总的神秘教导中，赫尔墨斯教导的断简残篇是最为机密的。它的伟大奠基者是"众神的书记员"赫尔墨斯·特利斯墨吉斯忒斯(Hermes Trismegistus)。赫尔墨斯生于古埃及，那时我们这一次文明的人类尚处于襁褓期。赫尔墨斯离世后，其教义代代相传已有几十个世纪之久，并在传承中凋零。根据传说，赫尔墨斯与亚伯拉罕同时代，且指导过这位圣人。赫尔墨斯曾是，现在也是神秘主义伟大的中心太阳，他的光芒照亮了无数的教导，那些自他之后广为传播的教导。世上所有那些神秘教导的基础教义都可溯源于赫尔墨斯教导，甚至印度最古老的教义也毋庸置疑地起源于原始的赫尔墨斯教导。

许多资深的神秘学者从恒河之国来到埃及，拜在大师脚下。他们从大师手中接过一把万能钥匙，它诠释并整合了彼此相歧的观点，并由此为神秘学说奠定了坚实的基础。此外，还有许多来自其他地域的学者，他们都将赫尔墨斯看作大师中的大师。他的影响是如此之大，尽管若干世纪以来，来自各个地域的学者们分别融入了自己的见解，也因此流传于不同地域的神秘学教义往往存在着各种各样的分歧，但是，从本质上讲，这些不同的教义之间依

# 引言

然存在着一定程度的相似性与一致性。比较宗教学的学生会看到赫尔墨斯教导对各个宗教的影响,这包括所有那些有一定影响、曾为人所知的宗教,无论它们业已消亡,还是时至今日依然生机蓬勃都如此。虽然这些教义有时确实互相矛盾,但它们也具有一定的一致性,赫尔墨斯教导就是伟大的调和剂。赫尔墨斯的毕生工作似乎正是播下真理的种子,使其发芽成长,以各种各样的方式绽放;而不是创建一个支配世人思想的哲学流派。每个时代都有那么几个人,他们传承着赫尔墨斯当初所教导的真理,并努力保持着其本初的纯洁。这些人拒绝了许多不够资格的学生与追随者,严格遵守赫尔墨斯传统,仅将这一真理传给那些有能力领会与掌握它的人。从唇到耳,这一真理在极少数人之间世代相传。每一代人中都有几位入门者——在地球上的各个区域,他们一直保持着赫尔墨斯教导的圣火,也一直在用自身的光芒来重新照亮昏暗的外在世界。当真理之光变得暗淡,被无视的乌云笼罩;当灯芯被外在事物遮蔽之时,总有一些人忠诚地照管真理之圣坛,维护闪耀其上的智慧之灯,使其永放光明。这些人将一生奉献给自己钟爱的事业,一位诗人如此称颂他们:

"噢,不要让火焰熄灭!一代又一代,它在呵护中燃烧，在黑暗的山洞中，在神圣的殿堂里。那些纯洁的爱之使者供养着它。不要让火焰熄灭！"

这些人从未寻求过大众的认同，也不追求追随者的人数。他们对此并不在意，因为他们知道每一代都仅有寥寥数人能够接受这一真理，知道当这一真理呈现在眼前时，能够认出它的人屈指可数。他们将干粮[1]保留给成人，为其他的人提供"婴儿奶"。他们将"智慧的珍珠"保留给少数被择选的人，因为这些人能够认知其价值，将其戴在王冠上而不是抛给物质至上的世俗之猪[2]，那些俗人只会将珍珠扔在泥土中践踏，再与自己那庸俗的心智食粮混合在一起。他们自始至终从未忘记与忽视赫尔墨斯原初的教导，世世代代地将这些真理之言传递给那些业已准备好的人。赫尔墨斯秘传哲学如是说："大师的脚步声响起，那些业已准备好的人侧耳聆听。"还有："学生的耳朵一旦准备好聆听，就会有嘴唇来为其灌满智慧。"其态度与书中的另一个赫尔墨

---

[1] strong meat，原文引用了《圣经·希伯来书》，此处也根据《圣经》译文译成"干粮"。——译者注

[2] cast pearl before swine，对牛弹琴，此处根据上下文，按照字面意思翻译。——译者注

斯格言完全一致:"智慧之唇只对那些有耳能听的人开启。"

不过也有人批评赫尔墨斯主义者的这种态度,声称赫尔墨斯主义者的隐秘及缄默策略完全没有彰显出应有的正确精神。然而,如果我们回顾一下历史的话,就会看到那些大师的智慧。他们深知,试图教导尚未准备好甚或根本不肯接受的世人是愚蠢的。赫尔墨斯主义者从不试图成为殉道者,他们选择了默默地坐在一边,带着怜悯的微笑双唇紧闭,任那些尚未开化的人在他们身边愤怒地喧嚣。这些人一向以杀害与折磨那些真挚却被误导的宗教激进者为乐,这些激进者们想当然地认为自己能够强迫一个野蛮的民族去理解只有那些远远超前、被选择的人才能理解的真理。不仅如此,迫害的风气尚未消退,有一些赫尔墨斯教导,如果将其公布于世的话,那些大师们会遭到大众的嘲笑与辱骂,"钉死他!钉死他!"的狂呼声会再次响起。

希望这本小书能使你们对赫尔墨斯的基本教导有所了解。我们将原理呈现给你们,至于如何运用,就留给你们自己去探索,我们并不想详尽地解释这些原理。如果你是一位真正的学生,就会有能力理解并运用这些原理。如果你还不能做到这一点的话，就要先成为一名真正的学生，否则的话，赫尔墨斯教导对你来说就只是一个个的单词。

三位入门者

## 译者注
### 三重伟大的赫尔墨斯

赫尔墨斯被人们尊称为"三重伟大的赫尔墨斯"，"因为他是最伟大的哲学家、最伟大的祭司以及最伟大的君王"。他拥有炼金术、占星学与神秘学的至高智慧。若干世纪以来，赫尔墨斯哲学对西方文化与思想产生了重要的影响，被认为是西方神秘传统的基础。自文艺复兴时期起，随着自然科学的迅猛发展，赫尔墨斯思想的重要性和地位更是得到了空前的提高，其实用价值也获得了众多科学家的关注与重视。比如牛顿，他曾认真地研究品读赫尔墨斯思想的代表作之一《秘文集》（*Corpus Hermeticum*），并写下了大量与其有关的文字，借助赫尔墨斯思想这一有力的工具来了解宇宙。另一本赫尔墨斯思想的代表作是《翠玉录》（*Emerald Tablet*），这些刻在祖母绿玉石板上的文字在赫尔墨斯思想中的地位，犹如《道德经》在道家思想中的地位，不枉是欧洲炼金术士心中的圣典。牛顿更是翻译了这本"书"，以与世人分享。

赫尔墨斯思想被大致分成"哲学性的"与"实用技术性的"两大类。从"哲学性"的角度而言，它为我们提升自己的灵性，开发自身的智性提供了智慧的洞见与工具。而从"技术性"的角度来看，比如炼金术，赫尔墨斯被炼金术权威们当作神一样敬仰，他们甚至将炼金术称为"赫尔墨斯之学"。然而，究其本质而言，它并非将"低级金属"冶炼成金的艺术，而是借"物"喻"心"，它所探讨的是物质及物质实相的本质，描述的是整个宇宙的秘密，揭示的是生命的真相。它为人们提供了寻求智慧开悟，提升个人心灵层次，在红尘俗世中"驾驭自己的情绪，主宰自己的人生"的诀窍与方法，是效力非凡的"心智炼金术"——心智上的提升与转化。尽管如此，这心智炼金术却只不过是赫尔墨斯深广智慧的冰山一角。怪不得自古以来无数的智者、哲人等都被赫尔墨斯思想深深吸引，柏拉图与新柏拉图主义亦如婴儿一般，充满渴望地从中啜取养分呢。

赫尔墨斯教导本身与古埃及、古希腊以及古犹太的思想息息相关，它与佛家及道家思想等东方古老智慧也有着异曲同工之妙，更与当今最为璀璨的科学明珠——量子力学——遥相呼应。当然，也可以认为这是当代科学对赫尔墨斯古老智慧的验证。一言以蔽之，赫尔墨斯思想并非传统意义上的朴素哲学、神秘教义或"技术指导"，它为我们展示了对宇宙万物、生命万象的深刻理解，能够有效地帮助我们了解这个世界的运作流转，以及宇宙和生命的本质与意义。

日常生活呢？赫尔墨斯教导对我们的日常生活能有什么帮助呢？了解它对我们的日常生活又有什么意义呢？私下认为，其影响与意义取决于我们对赫尔墨斯思想的理解与运用程度。所谓"知己知彼，百战不殆"，我想，对于我们的人生而言，"不殆"就是能够做到"尽情地体验人生，创造人生，我的人生我做主"吧。而赫尔墨斯教导能够帮助我们觉察自己——"知己"，了解宇宙与生命的真相——"知彼"，并因此而"不殆"。一个能够于日常生活中有意无意地运用赫尔墨斯原理的人，其生活会因此而"不那么复杂"，轻松惬意且胸有成竹。更进一步的话，如果他/她能够真正地消化、理解、演练（本书中的）赫尔墨斯教义，有意识地以赫尔墨斯智慧来检视与面对生活

## 引言

中所出现的事件,那么,无论是个人生活还是工作中,赫尔墨斯智慧都能为其铺平道路,使其能够避开荆棘,悠然自在、充满安全感地御风而行,品味人生。在人生棋局上,成为运筹帷幄的棋手,而非消极被动的卒子;在生命的汪洋大海中,成为踏浪而歌的弄潮儿,而非随波逐流的木头。

第 一 章

The Book of Secrets

赫尔墨斯哲学

智慧之唇只对那些有耳能听的人开启。

——凯巴林

# 第一章　赫尔墨斯哲学

几千年来,源自古埃及的最根本的神秘学教导深刻地影响了所有种族、国家和民族的哲学思想。埃及,金字塔与斯芬克斯之乡,是隐秘智慧与神秘教导的发源地。所有民族与国家都借鉴了她的神秘教义。印度、波斯、卡尔迪亚[1]、米底[2]、中国、日本、亚述[3]、古希腊和罗马,以及其他古老的国度都自由地分享了这一知识盛宴。伊西斯[4]之地的秘义圣师(Hierophant)与大师们无偿地为前来分享的人提供了这一古老之地的智者们萃集在一起的神秘知识与学问。

古埃及拥有许多伟大的大师与巨匠。自伟大的赫尔墨斯时代起,漫漫的时间长河缓缓流过,他们从未被超越,甚至很少有人能够与他们相提并论。"奥秘之所"中的"伟大之所"就在埃及。初学者们来到这里,进入圣殿之门,然后又作为秘义圣师、大师与巨匠,携带着弥足珍贵的知识,旅行到世界的各个角落。他们已经准备好,也愿意且渴望将这些知识传授给那些准备好接受的人。所有神

---

[1] 古巴比伦的一个王国。——译者注
[2] 伊朗古代第一个王朝。——译者注
[3] 亚洲西部古都。——译者注
[4] 古埃及神话中最重要的女神。——译者注

秘学的学生都深知自己对来自这一远古之地的可敬大师们所欠下的恩情。

这些古埃及的伟大大师之中，其中有一位被大师们称作"大师中的大师"。此人——如果他真是人的话——生活在早期的埃及，被世人称为赫尔墨斯·特利斯墨吉斯忒斯（Hermes Trismegistus）。他是神秘智慧之父，占星学的奠基人，炼金术的发明者。随着岁月的流逝，他生平故事的具体细节早已遗失在漫漫的历史长河中。几个历史悠久的国家均声称他的出生地就在自己的国土上，为这一荣耀而各持己见，不过这已是几千年前的事情了。他到底生活在埃及的哪个年代已经不为人知，不过业已得到确认的是，他生活在埃及最古老王朝的早期，远在摩西之前。最权威人士认为他与亚伯拉罕同时代，有些犹太传说甚至宣称亚伯拉罕直接在赫尔墨斯本人那里获得了一些神秘知识。

赫尔墨斯辞别人世后（据传说他活了300年），随着时间的流逝，埃及人将他奉为神明，并称其为透特（Thoth）。若干年后，古希腊人也将其尊为神祇，称其为"智慧之神赫尔墨斯"。若干世纪——是的，几十个世纪——以来，埃及人一直对赫尔墨斯所拥有的记忆满怀敬仰，将他称为"众神的书记员"，并赋予他独特的称呼

## 第一章　赫尔墨斯哲学

"特利斯墨吉斯忒",意思是"三重的伟大"、"伟大中的伟大"以及"最伟大的伟大"等等。在所有的古老国家中,赫尔墨斯·特利斯墨吉斯忒的名字都备受尊崇,并成为"智慧之泉"的同义词。

甚至时至今日,人们依然使用"hermetic"[1]这个词来表示"秘密的,与世隔绝的"以及"严格密封,绝无泄漏"等诸如此类的意思,原因在于,赫尔墨斯的追随者一直严格遵守其教义中的保密原则。他们不主张"将珍珠撒在猪面前",而是遵循"喂奶给婴儿,将干粮拿给强壮之人食用"的教导。基督教经典的读者对上述两个警句比较熟悉,其实,远在基督教时代之前,这两句话早已在埃及流传了若干世纪。

赫尔墨斯主义者一直持守着这一谨慎传播真理的策略,时至今日亦如此。赫尔墨斯教导无处不在,遍及所有国家与所有宗教,不过它从未将自己归属于某个特定的国家或者宗教。这是因为古代的大师们已经提出过警告,不可将这一神秘教导僵化成死板的教条。所有研究历史的学生都能够看到这一"谨慎宗旨"的智慧。印度与波斯古代

---

[1]　字面意思是赫尔墨斯的。——译者注

神秘学之所以没落且基本失传，主要原因就是教导者变成了神职人员，将哲学与神学混在一起。这样做的后果便是，印度与波斯的神秘学逐渐淹没并消失在宗教迷信、崇拜、教条与"神祇"的汪洋大海之中。古希腊与古罗马亦如此。诺斯替教以及早期基督教中的赫尔墨斯教导也未能幸免，遗失于康斯坦丁时代。他施以铁腕，用神学的厚毯将哲学扼杀，基督教也因此失去了至关重要的真髓与精神，经过几个世纪的摸索才重新找到通往其远古信念的道途。20世纪所有细心与严谨的观察者都清楚地看到，教会正在挣扎着找回其远古的神秘教导。

然而，总有一些忠诚的灵魂，他们一直认真地守护着火焰，使其冉冉燃烧，永不熄灭。因着他们坚定的心与无畏的意志，真理依然与我们在一起。不过，我们根本无法在书本中找到这些真理，它们由大师传给学生，由入门者传给秘义圣师，由唇到耳地世代相传。即使真将它们写下来，也会将真正的含义隐藏在炼金术与占星术的术语之中，只有少数"持有钥匙"的人才能正确地理解。此乃必需之举，目的是避免中世纪神学家的迫害，他们以烈火与刀剑、火刑柱、绞刑架与十字架来对付这些神秘教义及其传播者。甚至时至今日，虽然无数本程度各异的神秘学书

## 第一章 赫尔墨斯哲学

籍都有提到赫尔墨斯哲学,但真正值得信赖的关于赫尔墨斯教导的书籍却少之又少。尽管如此,赫尔墨斯哲学是开启一切奥秘教导之门的万能钥匙。

很早以前,曾有人将一些基本的赫尔墨斯教导汇总起来,薪火相传。这就是人们所知的"凯巴林"(THE KYBALION)。这个词的具体意义与内涵已经失传了几个世纪之久。然而,其教诲却为不少人熟知,并借由从唇到耳的方式一代代地传了下来。

据我们所知,其训诫从未被写下或者印出来。它只是警句、格言以及箴言的汇总而已,对于外行而言,它们根本无法理解。不过,经过赫尔墨斯教导入门者的讲解与示范,学生们就能够理解这些警句、格言与箴言。这些教导构成了"赫尔墨斯炼金术"的基本原理。与通常的炼金信念不同,赫尔墨斯炼金术更注重于掌握心智的力量,而不是物质元素。亦即,将一种心智振动转化成另一种心智振动,而不是将一种金属变成另一种金属。"贤者之石"(Philosopher's Stone,能将贱金属转化成金子)的传说正是关于赫尔墨斯哲学的一个比喻,所有研习真正的赫尔墨斯教义的学生都了解这一点。

透过这本小书——这是本书的第一课,我们邀请你们根据我们的解释，探索与学习《凯巴林》所阐述的赫尔墨斯教导。我们，作为这一教导的谦卑学生，尽管拥有"入门者"的头衔，却依然是赫尔墨斯大师脚下的学生。我们会列举出许多警句、格言与箴言，并附上一些解释与说明，以帮助你们更容易地理解它们的内涵，尤其在原始文辞被故意隐藏于含糊的术语时更是如此。

本书中，《凯巴林》原本的警句、格言与箴言都用特殊字体或标注，以示敬意。我们自己的话语则采用常规方式印出。我们相信，学习这本书的学生们从中所受之益不会亚于那些前辈，他们在赫尔墨斯·特利斯墨吉斯忒——大师中的大师，伟大中的伟大——时代之后的若干世纪中，也都走在同样的"探索直至掌握"的道途上。

《凯巴林》如是说：

"大师的脚步声响起，那些业已准备好的人侧耳聆听。"

"学生的耳朵一旦准备好聆听，就会有嘴唇来为其灌满智慧。"

因此，根据赫尔墨斯教导，这本书会吸引那些业已准备好接受教导的人的关注。同样,当一个学生准备好接受真理的时候,这本小书也会来到他或她的身边。此乃宇宙法则。赫尔墨斯因果原理,以吸引力法则——这是因果原理的一个面向——的形式,会将唇与耳带到一起,将学生与书带到一起。心愿如此!

## 译者注
### 远古的羌笛　皇冠上的宝石

引言中已经对三重伟大的赫尔墨斯以及赫尔墨斯思想进行了简略的介绍,本章中,作者更是对赫尔墨斯教导对全世界各种文化与宗教的影响及其在人类文明发展史中的重要性进行了强调,也扼要地解释了为什么如此伟大的智慧却少有人知。毋庸置疑,赫尔墨斯主义者的谨慎与隐蔽性以及"有耳能听"之人的稀少,都是导致这一局面的重要原因。所幸的是,《凯巴林》(音译名,以上同指代本书)这本小书于1908年出现了!而且问世以来,它立刻引起了"有耳能听"的人的关注与推崇。之所以如此,与书中所引用与诠释的,令伽利略、牛顿、爱因斯坦、苏格拉底、柏拉图、亚里士多德、荣格等人竞折腰的赫尔墨斯智慧是分不开的。问世一个世纪以来，作为赫尔墨斯智慧的"启蒙书"，《凯巴林》在世界上，尤其是西方世界，起到了推广普及赫尔墨斯智慧的重要作用，越来越多的人有幸、有缘接触到这本书。100多年来，一直有不同的出版社持续不断地推出新版本以及多种语言的译本，使其成为图书界的常青树，滋育着一代又一代的人。读懂它的人都为其智慧而折服，它也当之无愧地被誉为"无价的宝石"。这本书涵括了揭示宇宙秘密与生命奥义的赫尔墨斯七大原理，但它们并不仅仅停留在理论层面上，每个原理都非常具有实用性，为人们提供了"了解自己，了解宇宙，借力宇宙运作法则"的若干途径。毫不夸张地说，若你有意识地将本书的智慧运用于生活中，你的生活就会按照你所期望的那样发生改变！

不过，因着《凯巴林》这本书的抽象，阅读理解时或许会有一定的困难。也因此，翻译完此书后，又斗胆为译文添加了一些简短的诠释。问题在于，赫尔墨斯七大原理中的每一个原理都可以单独成书，从这些原理衍生出来的各种教导更是数不胜数，那么进行诠释时，也就只能尽量从简，选取其中的一两个面向进行探讨，权作抛砖引玉，

# 第一章　赫尔墨斯哲学

否则的话这本书一辈子都写不完。虽说"道可道，非常道"以及"懂的人无须说，不懂的人不必说"，但笔者还是希望能够通过自己的努力与尝试，使"有耳能听"者的人数增加一些，使更多的人能够了解赫尔墨斯智慧，并将这些关于宇宙（自然也包括人生）运作奥秘的知识运用于日常生活中，轻松自在地在人生激流中御波而行。毕竟这是一个意识提升、信息大爆炸、知识大爆炸的时代，毕竟这个世界上存在着许多"再稍微多一点点阳光就灿烂"的人。

第二章

The Book of Secrets

赫尔墨斯七大原理

真实不虚的原理有七项。领悟它们的人都拥有神奇的钥匙，圣殿中所有的门都会为其自动开启。

——凯巴林

# 第二章　赫尔墨斯七大原理

七个赫尔墨斯原理——整个赫尔墨斯哲学建基于其上——如下：

1. 心智原理
2. 对应原理
3. 振动原理
4. 极性原理
5. 律动原理
6. 因果原理
7. 性别原理

随着课程的进展，我们将逐一讨论这七个原理。此处先简单地介绍一下它们。

## 1. 心智原理

一切万有（THE ALL）乃为心智（MIND），宇宙是心智的（mental）。

——凯巴林

该原理所蕴含的真理是："一切皆为心智。"它指出一切万有——我们用"物质宇宙"、"生命现象"、

"物质"与"能量"等词汇来描述业已显化与出现的一切,简言之,我们能够用感官感知的一切。"一切万有"则是潜隐在上述这一切之下的究竟实相(Substantial Reality)——是"精神"(SPIRIT),它既不可知,也无法定义。尽管如此,我们可以将其看作一个宇宙性的、无限的、活生生的心智。此外,该原理还指明,整个表象世界或者说宇宙只不过是一切万有的心智创造,遵从受造界的法则;而且,宇宙,无论是它这个整体,还是它的各个组成部分或组成单元,都存在于一切万有的心智中;我们都生活、活动并存在于一切万有的心智之中。借由确定宇宙的心智本性,这一原理轻而易举地解释了各种备受公众关注的心智与心灵(psychic)现象。没有这一解释,那些现象都是令人无法理解且不符合科学逻辑的。理解了赫尔墨斯这一伟大的"心智原理",就能够掌握"心智宇宙"的法则,并将其运用于自身的福祉与个人成长。赫尔墨斯思想的学生们能够智性地、而非偶然随意地运用这伟大的"心智法则"。一旦学生拥有这把万能钥匙,就能够打开心智与心灵知识殿堂的一扇扇门,自由且明智地进入其中。这一原理阐明了"能量"、"力量"与"物质"的真实本性,以及为什么且怎样能够运用心智来驾驭它们。很久以前,一位赫尔墨斯大师曾经写道:"领会了'宇宙的心智本性'这一真相的人,能够在通往'驾驭'的道途上遥遥领先。"这些话语在如今依然有效,和当初这句话被写下时一样真实不虚。没有这一万能钥匙,"驾驭"就是天方夜谭,学生们只能徒劳无功地狂敲圣殿的门。

## 2. 对应原理

其下如其上,其上如其下。

——凯巴林

这一原理所蕴含的真理是:存在以及生命各个层面上的现象与法则总是相对应的。古老的赫尔墨斯格言如是说:"其下如其上,其上如其下。"这一原理为人们提供了解决各种晦暗不明的悖论、揭开自然的秘密的方法。我们的知识范畴之外还存在着许多未知的层面,运用对应原理,就能够了解许多对我们来说本不可知的事情。这一原理适用且彰显于宇宙的一切,在物质、心智与精神的各个层面上都适用,是极具普适性的宇宙法则。古代赫尔墨斯主义者将这一原理看作最重要的心智工具之一,借此人们能够越过遮挡视线的障碍，探查未知。它甚至能够帮助人们在某种程度上掀开伊西斯的面纱[1]，一瞥女神真颜。如同几何学原理能够帮助人们坐在天文台中观测遥远的恒星及其运动，了解对应原理也能够帮助人们智性地根据已知来推测未知。通过研究单细胞生物，就能够了解大天使。

## 3. 振动原理

> 没有任何事物是静止的。一切都在运动，一切都在振动。
> ——凯巴林

这一原理所蕴含的真理是：一切的一切都处于运动之中；一切的一切都在振动；没有任何事物是静止不动的。这是现代科学已经认同的事实，而且新的科学发现也在不断地予以证实。然而，早在数千年前，古埃及的大师们便已经阐明这一赫尔墨斯原理。这一原理指出，物质、能量、心智甚至精神等各种彰显形式之间的差异主要是由于振动频率的不同。从"一切万有"——这一纯粹的精神——直至粗糙的物

---

[1] 喻指自然的秘密以及存在的神秘。——译者注

质,一切都在振动。振动频率越高,"等级"就越高。"精神"的振动,其强度与频率都是无限的。因此,它仿佛几乎是"静止"的,就像一个高速转动的车轮看上去是静止的一样。等级最低的则是粗糙的物质,其振动频率极低,看上去也像是静止的。在这两个极端之间,还有千千万万、无以数计的振动等级。从粒子与电子,原子与分子,到世界与宇宙,一切的一切都处于振动之中。这也同样适用于所有能量与力的层面(它们只不过是不同等级的振动而已),适用于所有心智的层面(它们的状态取决于振动),甚至适用于所有精神的层面。因着对这一原理——以及相应的赫尔墨斯术法——的了解,赫尔墨斯思想的学生们能够控制自己以及他人的心智振动。大师们也以各种各样的方式运用这一原理来征服自然现象。"了悟振动原理的人,握有力量的权杖",一位远古时代的著作者如是说。

## 4. 极性原理

任何事物都是二元的,都有两极,有其相互对立的两面;"相似"与"相异"是一样的;对立的两面在本质上是完全相同的,只是在程度上有所差异;物极必反;一切真理都只是"半真理";所有的悖论都是可以调和的。

——凯巴林

这一原理所蕴含的真理是:"一切事物都是二元的","一切事物都有其两极","任何事物都有其相互对立的两面"。这些都是赫尔墨斯箴言。该原理解释了那些使众人迷惑不解的古老悖论,诸如:

"正题与反题在本质上是完全相同的,只不过有着程度上的差别";

"对立的事物其实是同样的,只是在程度上不同";

"对立的两面是可以调和的";

"物极必反";

"任何事物都同时既是又不是";

"一切真理都是半真理";

"一切真理都是半谬论";

"任何事物都具有两面性"等等等等。

该原理阐明,任何事物都具有两极,或者说两个对立面,而这两个"对立面"其实只是同一事物的两个极端,二者之间存在着各种不同的程度或等级。举例而言,热与冷,尽管它们是"对立面",然而,事实上它们却是同一事物，二者的差异只在于程度上的不同。看一看温度计，你能发现"热"止于何处，"冷"始于何处吗？根本不存在什么"绝对的热"或者"绝对的冷"，"热"与"冷"这两个词只是简单地表示了同一事物的不同程度，而这一彰显为"热"与"冷"的"同一事物"其实也只是振动的一个形式、种类或者说频率而已。因此，"热"与"冷"仅仅是我们称之为"热度"的那个事物的两极，冷热现象则是极性原理的展现。同样的原理也适用于"光明与黑暗"的例子。"光明"与"黑暗"其实也是同一事物，其差异在于"明"与"暗"这两极现象之间各种不同的明暗程度。"黑暗"止于何处？"光明"又始于何处？"大"与"小"之间有什么差别？"硬"与"软"，"黑"与"白"，"锋利"与"粗钝"，"嘈杂"与"安静"，"高"与"低"，以及"正面"与"负面"之间的差别又是什么呢？极性原理解释了这些悖论，没有任何其他的原理能够替代它。

同样的原理也运作于心智层面上。让我们来举一个激烈且极端的例子，亦即，"爱"与"恨"这两种明显不同的心智状态。二者之间存在着不同程度的"爱"与"恨"，我们用"喜欢"或"不喜欢"来描述其中间状态。它们逐渐向对方靠拢，并最终交融在一起，有时我们甚至无从确定自己是"喜欢"、"不喜欢"还是二者皆非。上述这一切其实都是同一事物的不同程度，如果你仔细想一下，就会发现确实如此。而且，更甚于此的是（赫尔墨斯主义者认为这一点更加重要），我们能够在自己以及他人的心智中，将"恨"之振动转化为"爱"之振动。你们——正在阅读这些字句的你们——中的许多人都曾经亲身体验或者见证过他人从爱到恨或者从恨到爱的不由自主的快速转变。因此，你们能够认识到"通过运用意志力以及赫尔墨斯术法来实现这一转化"是可能的。"善"与"恶"只是同一事物的两极，赫尔墨斯主义者通晓运用极性原理将"恶"转化为"善"的艺术。简言之，"极化艺术"（Art of Polarization）成为"心智炼金术"（Mental Alchemy）的一个面向，自古至今的赫尔墨斯大师们都无一例外地知道并修习这门艺术。对这一原理的了解能够帮助一个人改变自己以及他人的极性——只要他愿意投入时间与精力来研习并掌握这门艺术。

## 5. 律动原理

一切都在流动，流进流出；一切都有潮汐，起起伏伏；钟摆现象存在于所有事物之中；右摆幅度亦即左摆幅

## 第二章　赫尔墨斯七大原理

度；律动予以补偿。

——凯巴林

这一原理所蕴含的真理是：任何事物之中都存在着有节律的运动，往往复复，流出流入，荡前荡后；钟摆般的运动，潮汐般的涨落，有高潮也有低潮，在极性原理所阐述的两极之间运动；作用力与反作用力，前进与后退，跃升与沉落永远存在，存在于宇宙中的一切。这一原理运作于所有的星辰、社会、人类、动物、心智、能量以及物质。世界的创造与毁灭，国家的兴亡，一切万物的生死，以及人类的心智状态（赫尔墨斯主义者认为在这一点上对律动原理的理解尤为重要），这一原理无处不在。赫尔墨斯主义者已经领会到这一原理，看到其普适性，并已发现如何运用适当的术法与手段来克服其影响。他们运用的是心智中和法则（the Mental Law of Neutralization）。他们无法废除律动原理，也无法使其停止运作，不过他们了解如何通过掌握这一原理而在某种程度上避开它对自身的影响。他们学会了如何利用它，而不是被它利用。他们所使用的方法中均不乏赫尔墨斯炼金术的身影。赫尔墨斯大师们将自己极化到自己所愿的极点，然后中和掉将他推向另一极点的摆锤律动的影响。任何具有一定"自我掌控"（Self-mastery）能力的人都在某种程度上——差不多无意识地——这样做过。不过，大师们则是有意识地这样做，运用意志力来做到这一点。他们所达到的安定与心智稳固程度，对于像钟摆那样摆来摆去的大众而言，是不可思议的。赫尔墨斯主义者认真地研习了这一原理与极性原理，以及抵消与中和其影响的方法。这些方法是赫尔墨斯心智炼金术的重要组成部分。

## 6. 因果原理

有因必有果；有果必有因；一切事物的发生都遵循法则；"偶然"只是未被洞悉的法则的代名词；"因果律"有多个层面，没有任何事物能够逃避法则。

——凯巴林

这一原理所蕴含的真理是：每一个"果"都有其因；每一个"因"都必有其"果"。它指明，"一切事物的发生都遵循法则"，没有任何事情是"偶然发生的"，"偶然"并不存在。尽管存在着不同层面的"因"与"果"，较高层面支配较低层面，但没有任何事物能够完全逃避法则。赫尔墨斯主义者了解超越普通因果层面的艺术与方法，在某种程度上，他们能够在心智上将自己提升到一个更高的层面，从而成为"因"，而不是"果"。大众则被周遭环境所挟持，屈从于环境；任他人的意志与愿望凌驾于自己的意愿之上；并在传统、形形色色的建议以及其他一些外在之"因"的驱动下，像人生棋盘上的卒子那样被动地移来动去。而那些大师们则将自己提升到一个更高的层面，他们主宰自己的心境、性情、品质与力量，还有周遭的环境，成为弈者，而非棋子。他们佑助、参与生命的进程，而不是被动地受制于他人的意志与周遭的环境。他们利用原理，而不是成为原理的工具。大师们遵从更高层面的"因果律"，在自身所处的层面上则是"主宰者"。这一说法中凝聚了丰富的赫尔墨斯智慧，那些有耳能听的人，细细品味吧。

## 7. 性别原理

　　一切皆有性别；任何事物都有其阳性与阴性的面向；性别体现在所有层面上。

——凯巴林

这一原理所蕴含的真理是：性别（GENDER）存在于一切事物之中，阴阳两性永远都在运作。无论是在物质层面上，还是心智甚至精神层面上，这一原理都真实不虚。在物质层面上，该原理表现为生理性别（SEX）。而在更高的层面上，则表现为更高的形式，不过根本原则是不变的。没有这个原理，物质、心智与精神层面上的创造是不可能的。对这一原理的理解，能够帮助我们洞察许多令人困惑不解的问题。性别原理自始至终都运作于产生、再生与创造的过程中。任何事物与任何人都具有这两个元素或面向，或者说都遵循这一伟大的原理。每个阳性事物都具有阴性元素，同样，每个阴性事物也都具有阳性面向。想要理解心智与精神层面上的创造、产生及再生，就必须理解与研究这一赫尔墨斯原理。它涵括了许多对生命奥秘的解答。请注意，这一原理与那些卑劣、有害、可耻、淫秽的理论、教导与修习没有任何干系，它们以满载遐想的词语为自己命名，实则是对伟大、自然的性别原理的滥用。它们是古代生殖器崇拜之某些无耻形式的卑劣复兴，有可能毁掉一个人的心智、身体与灵魂。赫尔墨斯哲学也曾经提醒人们要对这些堕落的教导心存警惕，它们趋向于贪欲、放纵以及对自然原理的歪曲。如果你所寻找的正是此类教导，那只有另寻他处，赫尔墨斯教导中没有你想看到的内容。对于纯洁之人，一切都是纯洁的；对于卑劣之人，一切都是卑劣的。

## 译者注
## 通于一而万事毕

本章简单地介绍了赫尔墨斯七大原理的意义，后续章节中还会有详细的讨论。也因此，关于这些原理在日常生活中的运用，也会在后续章节中逐一展开。本章中提到的THE ALL，在西方也被称为The One（"一"）、The Creator（造物主）等，是一些思想体系对"至高无上、创造一切、亘古永恒、无始无终的绝对源头"的称呼——其实此处任何语言都显得苍白。本书中，将其译为"一切万有"，读者可根据自己的偏好或习惯为其命名：上帝、神、安拉、天帝、老天爷、造物主、终极意识，甚至是玉皇大帝都未尝不可。如果我们借用金字塔来代表一切生命与存在形式的话，它就是金字塔的塔尖。不仅如此，它同时也是金字塔本身，且渗透在构成金字塔的每一个微粒之中。语言文字在作为表达工具的同时，也限制了表达。所有的文字其实都只是为方便表达而使用的符号，无论如何称呼它，只要能够代表我们心中那神圣、不可思议、本为一切之源的"冥冥的力量"就可以。

我们在日常生活中总是会遇到各种各样的为什么，他/她为什么这样对我？我为什么无法走出低谷？为什么我总被情绪牵着鼻子走？为什么他们能够成功而我却不行？为什么倒霉的总是我？各种类似于"既生瑜，何生亮"的想法更是去了又来！殊不知那些"诸葛亮"们之所以"多智而近妖"，貌似能够呼风唤雨，神机妙算，其实只不过是掌握了更高层的法则，并运用较高的法则来控制较低层面的现象而已。这也正是赫尔墨斯智慧的亮点之一。

赫尔墨斯七大原理中，了解了心智原理，认识到一切万物的心智本性——"一切皆由心生"，便能够以全新的视角来看待与处理日常生活中出现的一切，运用信念与意志力来创造自己想要的生活。在理解了心智原理的基础上，对应原理又为我们提供了"举一反三"的思想依据，当我们遇到超出自己知识范畴与经验范畴的难题时，运用对应原理，就不难找到解决问题的方向与方法。接下来，振动原理的应用也极为广泛，尤其是在心智层面上。人与人之间在心智上的互相影响，正是借由影响对方的"心智振动"实现的。人与

## 第二章　赫尔墨斯七大原理

周遭环境的互动亦如此。作为赫尔墨斯第四大原理，极性原理与人们熟知的"阴阳原理"有着异曲同工之妙，我们能够运用它来进行极性转化，将"负面的"事件或情绪等转化为我们所愿的、"积极正向的"事件与情绪。此外，极性原理与律动原理结合在一起，为人们提供了如何不受外在环境与事件的影响，保持内心宁静、安稳、自在的方法。而了解宇宙运行规律，借势而行，更与这两大原理所揭示的智慧息息相关。至于因果原理，它与我们知道的"因缘果报"颇为契合，不过值得一提的是，该原理也同时提出了运用"更高层面的因果法则"来做主自己的人生，成为"因"而不是"果"的可能性与方法。赫尔墨斯第七大原理，性别原理，也与内涵深广的阴阳原理有着千丝万缕的关联。本书在阐述性别原理时，不仅描述了物质世界中的性别现象，还结合振动原理，进一步解释了人与人之间心智影响的过程，揭开了个人吸引力、影响力等的奥秘。

这七大原理虽独自成章，各有各的关注点，但将它们结合在一起的话，其效力更是成指数级增长。确实可以说，掌握了赫尔墨斯智慧，就握有驾驭人生的权杖。庄子曰："通于一而万事毕"，就是说，理解了本质，万事尽通。掌握了赫尔墨斯七大原理，也就对宇宙与生命的本质有了一定的了解，日常生活中的各种为什么也就不再是一道道无解的难题。不仅如此，如果将对七大原理的理解付诸实践，运用于自身的康乐以及个人意识的转化与提升——甚或人类的康乐以及集体意识的转化与提升，赫尔墨斯七大原理所揭示的生命真相以及它们所提供的在生活海洋中御波而行的方法，也能够帮助我们自信地处理生活中的一切，真正享受到那种充满愉悦感与安全感的自在生活。

　　赫尔墨斯炼金术是心智的艺术，既然相由心生，相随心转，了解了宇宙、人类的心智运作规律，就无须像某些励志故事所描述的那样"明知山有虎，偏向虎山行"、"逆水行舟"、"正面硬攻，迎头痛击"（这些词看着就觉得累），更无须因此而使自己精疲力竭，头破血流，甚至两败俱伤。正所谓了悟到什么是"自然"，就算是得道了。真正的艺术是了悟"自然"，并能够顺其自然，做到"四两拨千斤"，如庖丁解牛般游刃有余。毕竟世间的一切都是"心智的"，是能量，重在引导，而不是硬碰硬。而赫尔墨斯智慧就是帮助我们了悟"自然"、引导心智能量、创造个人实相的艺术。

第三章

The Book of Secrets

心智原理

心智（以及金属）是可以转化的，从一种状态到另一种状态；从一种程度到另一种程度；从一个状况到另一个状况；从一种极性到另一种极性；从一种振动到另一种振动。真正的赫尔墨斯转化是心智的艺术。

——凯巴林

## 第三章　心智原理

如前所述,赫尔墨斯主义者是最早的炼金术士、占星学家与心理学家,赫尔墨斯是这些思想学派的奠基者。从古老的占星学衍生出现代天文学,从炼金术衍生出现代化学,从奥秘心理学衍生出现代心理学。然而,绝不能认为古人对现代学派视为己有的专业知识一概不知。古埃及石刻上的记录确凿无疑地表明,古人拥有渊博的天文学知识。金字塔明确地展示了他们的建筑设计与天文研究之间的关系。同样,他们对化学也绝非一无所知,古籍残篇也表明他们熟知物质的化学性质。不仅如此,古代关于物理学的理论也逐渐得到了现代科学最新发现的验证,尤其是那些关于物质构成的理论。此外,绝不能认为他们对心理学上所谓的"现代发现"一窍不通,恰恰相反,埃及人格外擅长心理科学,尤其是现代思想学派所忽视的知识领域。比如那些被冠名为"心灵科学"的知识,当代心理学家对此困惑不已,但也不得不勉强承认"也许这确实不是什么无稽之谈"。

事实上,古人拥有比物质层面上的化学、天文学与心理学(可以说,心理学尚处于研究"大脑活动"的阶段)更深奥的知识,我们分别称其为占星学(更深奥的天文学)、炼金术(更深奥的化学)以及奥秘心理学(更深奥的心理学）。除了"外在知识"以外，他们还拥有"内在知识"，而现代科学家仅仅拥有外在知识。在赫尔墨斯主义者所掌握的丰富的奥秘知识中，本节将讨论"心智转化"（Mental Transmutation）这一主题。转化（Transmutation）这个词常用于描述转化金属——尤其是将贱金属转化为金子——的古老艺术。根据韦氏词典，其动词形式Transmute的意思是"从某一种性质、形式或材料转化为另一种性质、形式或材料"，是"转换"的意思。由此可以说，"心智转化"的意思是改变与转换心智状态、形式与状况的艺术。因此，你可以将"心智转化"看作"心智化学艺术"，或者说是"奥秘心理学"的一个实践形式。

不过，其内涵远比我们从表面上看到的更加深广。毫无疑问，转化、炼金术或者说化学，其在心智层面上的效应已经非常重要，纵使这门艺术止于此，它也已经是人类知识范畴内最重要的学习领域之一。然而，这却仅仅是一个开端，让我们来看一看这是为什么。

赫尔墨斯七大原理的第一个原理是心智原理，其格言是："一切万有乃为心智，宇宙是心智的。"它的意思是，潜隐在宇宙之下的实相是心智，宇宙本身也是心智的，亦即"存在于一切万有的心智之中"。后续章节中我

## 第三章　心智原理

们将详细讨论这一原理，此处我们先看一看，如果该原理确实真实不虚的话，它会有什么样的影响与效应。

如果宇宙的本质是"心智的"，那么心智转化就一定是"改变宇宙状态"的艺术——沿着物质、力量与心智的路线。因此你看，心智转化其实就是古人在众多玄秘著作中大量提及却很少赋予实际指导的"魔法"。如果一切的一切都是心智的，那么精通转化心智状态之艺术的大师们也就拥有了一个控制器，借以控制物质状态以及那些通常被冠以"心智"之名的东西。

事实上，只有那些资深的心智炼金术士才拥有常人并不具备的，控制相对来说比较粗糙的物质状态的能力，比如控制自然元素，召唤或中止暴雨，引起或遏制地震等剧烈的物理现象。所有学派的资深神秘学者都于内心深处相信这些人曾经存在，而且现在依然存在。这些大师们确实存在，也确实拥有这样的力量，那些最优秀的老师使学生们确信这一点，并帮助他们通过切身体验来证实诸如此类的信念与观点。这些大师们并不会在公众面前展示他们的力量，而是远离尘嚣，以便更好地行走在"成就之路"上。我们在此处提及他们的存在，只是希望你们能够关注一个事实，亦即，他们所拥有的力量完全是"心智的"，沿着更高层面的心智转化路线运作。而"心智转化"正是赫尔墨斯心智原理所涵括的内容之一。"宇宙是心智的。"凯巴林如是说。

学生们以及次第低于大师的赫尔墨斯主义者——入门者与教导者——能够自由地在心智层面上修习心智转化。事实上，那些所谓的"心灵现象"、"心智影响"、"心智科学"、"新思想现象"（new-thought phenomena）等等，都沿着同样的路线运作。无论冠之以何名，它们都遵循同一个原理。

心智转化艺术的学生与修习者在心智层面上运作。他们采用各种不同的术法，效果各异地将一种心智状态与状况转化为另一种心智状态与状况。各个心智科学学派所采用的"对治方法"以及"肯定"[1]或"否定"的方法其实就源自于赫尔墨斯艺术中的"术法"，不过这些方法往往是不完善且不科学的。相对于古代的大师而言，大多数现代修习者都显得相当浅显无知，因为他们缺乏这一领域最基础、最根本的知识。

运用赫尔墨斯智慧，我们不仅能够改变或转化自身的

---

[1] 比如使用肯定句使自己保持积极状态的方法。——译者注

## 第三章　心智原理

心智状态,也能够转化他人的心智状态。这通常是下意识的,不过,那些了悟这些法则与原理的人,也往往能够有意识地做到这一点——在被影响人不了解自我保护之原理的情况下。

不仅如此,现代心智科学的学生与修习者基本都知道,任何依赖他人心智的物质状况都是可以改变或转化的,依照渴望改变生活状况之人那诚挚的愿望与意志及其所采取的对治方法而变。如今,这一点已广为人知,我们就不再赘述。就这一点而言,我们的目的只是让读者看到,赫尔墨斯原理与艺术潜隐于所有这些修习形式之下,无论这些修习形式是善还是恶都如此。原因很简单,根据赫尔墨斯极性原理,同样的力量可以被运用在两个完全相反的方向上。

这本书中,我们将阐述心智转化的最基本原理。读过此书的人会掌握这些基本原理,并因此拥有开启极性原理之众多门户的万能钥匙。

下面我们开始具体讨论赫尔墨斯七大原理中的第一个原理——心智原理。该原理所揭示的真理引用凯巴林用语就是:"一切万有乃为心智,宇宙是心智的。"我们敦请学生们认真关注、仔细研习这一伟大的原理,因为它确实是整个赫尔墨斯哲学的基本原理，是赫尔墨斯心智转化艺术的基本原理。

## 译者注
### 你若盛开 蝴蝶自来

　　为什么我交友这么难？为什么我想得到_____（请自行填空）却总迟迟不来，屡屡失望？为什么我按照吸引力法则去观想，整日一遍遍地重复那些正面肯定句，却一直无法吸引到我想要的东西？

　　原因并不复杂，你目前的状况正适合于"目前的你"。

　　因此，要想改变自己的生活状况，就要首先改变自己，转化自己的心智。运用"魔法"——心智转化其实就是古人在众多玄秘著作中大量提及却很少赋予实际指导的"魔法"——来创造自己想要的人生。

　　心智转化是心智炼金术的一个面向，本书后续章节中将详尽讨论心智转化的艺术。而信念又是心智的一个重要面向。所谓信念创造实相，从身体层面上讲，我们心中所形成的信念、想法与观念会影响情绪，情绪则进一步影响身体，如《黄帝内经》所言："怒伤肝，喜伤心，忧伤肺，思伤脾，恐伤肾。"从行动层面上讲，我们生活中所发生的一切事件其实都是中性的，是我们的信念为它加上了是好还是坏的色彩。事件发生后，我们的信念决定了自己对事件的情绪反应。积极还是消极，快乐宁静还是愤怒伤心，都在一念之间。而这些情绪又导致了我们所采取的行动，甚或是否采取行动。行动（或不行动）的后果就构成了我们实相的一部分，比如因此而喜获成功或惨遭失败，因此得到或伤害了一位朋友，等等。

举一个小小的例子。一个人即将参加一场重要的考试或者面试，他的根本信念是"我不如他人，不够优秀"，就这场考试或面试而言，这一信念导致了"或许我无法过关；如果失败的话，就会失去什么什么，会令谁谁谁失望，会很丢脸；没有通过的话，就再次验证了我真的很无能"等等各种各样的想法。这些想法使他心中压力倍增，紧张不已。人在紧张、面对精神压力时，身体会出现冒汗、心跳加快、血压升高、呼吸加速等状况；过度紧张甚至会导致头昏胸闷、眼前发黑，脑中一片空白，看不清东西等现象。这个人本就缺乏自信，精神紧张，如果再有上述身体反应出现，雪上加霜，那么无法正常发挥，考试或面试失败，也就不足为奇了。而这次失败更加强了他"我不如他人，不够优秀"的信念，并因着这一经历，在下次考试或面试时更加紧张……当然，这是假设此人未进行"心智转化"的情况。反过来，假如一个人的信念是"我本自具足，我是受眷顾的，上天不会让我面临我尚无力应对的挑战"，那么，相对于这次考试或面试而言，他的想法可能是"我肯定能过关；感谢上天为我提供展示'我已经准备好'的机遇；这是一次演练的机会，通过了，开心，未能通过，说明我还没有准备好，下次会更好；这仅仅是一次测试而已……"，带着这种心态进行考试或面试的人，因过度紧张而失败的可能性就小得多。即使不去考虑这次考试或面试会为这个人的一生带来怎样的"骨牌效应"，仅看信念在这次应试中所起的作用，就已经能够对信念的力量豹窥一斑。

此外，我还想举一个身边的例子。一位女性——世人眼中的女强人，几年前被诊断为癌症，经历了切除手术与一系列化疗后，医生明确地对她说已经没有办法，她还有半年的生命（在荷兰，医生会对绝症患者坦陈病情）。听到这天大的坏消息，她并没有被击垮，消极地等待死神敲门。她心想，如果真的只剩半年时间，为什么还要继续

## 第三章　心智原理

"忍耐"、"坚持"、"奋斗"、"委曲求全"、违背自己的心愿生活呢？她于外在彻底改变了多年的发型（脱发是某些化疗的副作用之一）与穿衣风格，于内在改变了自己多年来的信念，本着"过自己真正想要的生活"的愿望，踏上了新的人生之路。此外，尽管医生已下断言，她并没有放弃，带着"一定有适合我的治疗办法"的坚定信念，继续寻医，找到并接受了一种尚处于试验阶段的治疗方法——这仿佛是最后的一根救命稻草；与此同时她也减少了工作强度，不再像以前那样夜以继日、废寝忘食地忙个不停，完全改变了生活方式。半年过去了，她并未如医生所预期的那样离开人世，也没有无助地卧病在床，而是好好地活着，充满生机地活着。后来，再去医院检查，竟然再也找不到癌细胞的身影。如今，她健康、快乐地享受着人生，做着她喜欢的工作，过着她想要的生活。和以前相比，她仿佛变成了另一个人。而这些外在与内在的改变，与她强大的意愿与意志力是密不可分的。

　　这些只是展示信念的力量的小小例子。信念会改变我们看待世界的角度与方法，世界也会因此赋予我们相应的回馈。我们生活中所经历的一切，以及所看到的一切，都是对我们的内在信念的反应，也因此改变信念就能够改变人生。而改变信念,却只是"心智转化"的一个面向。

蝴蝶在花丛中翩舞,果蝇在烂果上欢宴,一切的一切都会在适合自己的苗圃里发芽成长。当我们将自己转化为适合自己之愿景的状态时,我们所愿的人、事、物都会自行出现,自行进入我们的生活。正所谓你若盛开,蝴蝶自来。

当然,赫尔墨斯心智炼金术绝不仅仅止于此。除了转化自己的心智状态外,我们还能够转化他人的心智状态,并通过个人与集体心智状态的改变,来改变物质层面的一切,改变整个世界。至于心智转化的具体方法,将随着本书的进展,而次第展开。

第四章

一切万有

The Book of Secrets

在这个具有时间性、空间性且不断变化的宇宙的下面与背后,总可以找到究竟的实相——根本的真实。

——凯巴林

## 第四章　一切万有

本质（Substance）的意思是："潜隐在一切外在显化之下的存在，真髓，基本实相"等等。本质的（Substantial）的意思是："真正存在的，作为基本元素的，真实的"等等。而实相（Reality）的意思则是："真实存在的状态，真正的，恒久的，确凿的，确定的，永久的，实际的"等等。

所有外在表相与所有显化的下面与背后，都必然存在着一个究竟的实相。这是根本的法则。一个思考宇宙的人——他也是宇宙的一分子，他所看到的皆是变化，物质、力量和心智状态的变化。他发现，没有任何事物是静态的，一切的一切都在不断地"成为"与"变化"。没有任何事物是静止不动的，一切都处于出生、成长与死亡的过程中，当一个事物抵达其巅峰之时，就会立刻开始衰退；律动原理时刻都在运作，一切万物都不具有真实性、恒久性、固定性或持续性。没有任何事物是永恒的，一切都在变化。他看到所有事物都从其他事物中演变而来，又演变成其他事物——持续不断的作用力与反作用力，流入与流出，筑建与拆除，创造与毁灭，出生、成长与灭亡。只有"变化"才是永恒的。如果他是一个有思想的人，他会意识到，所有这些变化的事物都只不过是某一潜在力量——某一究竟实相——的表相与彰显而已。

所有国度、所有时代的思想家都认为，这一究竟实相的存在是必不可少的。所有不负盛名的哲学家都以此观点为出发点。人们赋予该究竟实相许多不同的名称，有人称其为"神"（包含各种各样对神祇的称呼），有人则称其为"无限且永恒的能量"，还有人称其为"质料"[1]。不过，所有这些人都承认其存在。它不证自明，是无须争论的。

本书中，我们以古今一些最伟大的思想家——赫尔墨斯大师——为榜样，参照赫尔墨斯教导，将这一潜隐的力量，这一究竟实相，称为"一切万有"（The All）。我们认为，在人类对它——它超越了一切名称与术语——所有的称呼中，这是最能涵容一切的。

我们接受并传授那些有史以来最伟大的赫尔墨斯思想家——以及那些业已抵达更高存在层面的开悟的灵魂——的观点，他们都宣称一切万有的内在本质是不可知的。确实如此，因为只有一切万有自己才理解自身的本质与存在。

赫尔墨斯主义者相信并教导人们，一切万有本身

---

[1] Matter，与Form相对，亚里士多德提出的哲学观点。——译者注

## 第四章 一切万有

是——而且一定是——不可知的。在他们眼中，那些神学家与形而上学主义者关于一切万有之内在本质的理论、猜想与推测均是幼稚的尝试——试图用凡人有限的大脑去理解"无限的它"的奥秘。这些尝试总是以失败而告终，而且也会一直失败下去，该任务的基本性质本就如此。有此追求的人，一次次地在思想迷宫中转圈子，直至失去神智清楚的推理、言行与举止，再也不适合进行此人生工作为止。他就像在笼中跑轮上疯狂奔跑的松鼠一样，一直不停地行走，却没有抵达任何地方；最终依然是一个囚徒，在起点原地踏步。

还有一些人更加自以为是，他们将自己的人格特性、品质、性质、特征与属性归因于一切万有，将人类的情绪、感受与性情皆归因于一切万有，甚至包括那些最狭隘的品性，诸如嫉妒，易被谄媚与赞扬的话语打动，希望获得他人的崇拜或者各式各样的馈赠，以及那些人类早期遗留下来的品性等等。这些观念并不值得成熟的男人或女人去关注，很快便被淘汰。

（在这一点上，我们应该强调一下，我们认为宗教与神学，哲学与形而上学是不同的。对我们来说，宗教是对一切万有之存在——以及人类与一切万有的关系——的直觉认知，而神学则是人们的一种尝试，尝试将人格特性、品质和特征都归因于一切万有。他们的理论关乎于它的事务、意志、愿望与计划，他们假定自己拥有"中间人"的位置，处于一切万有与民众之间。对我们而言，哲学所探索的是关于"可知、可思考的事情"的知识；形而上学则试图跨越界限，探索未知与不可思考的领域，与神学具有相同的倾向。因此，我们认为，宗教和哲学都根植于现实，而神学与形而上学则更像是折断的芦苇，根植于无知的流沙中，除了为人类的心智与灵魂提供最靠不住的支持，没有什么其他的实际意义。我们并不强求学生们接受上述观点，之所以提及它们只是为了表明立场。在这本书中，你们将很少看到有关神学与形而上学的东西。）

尽管一切万有的实质本性是不可知的，世间却流传着一些有关其存在的真理——人类心智不得不接受的真理。不仅如此，对这些传述的检验也形成了一个独特的探索主题，当这些传述与更高层面的开悟者所传授的洞见相一致时，更是如此。我们邀请你们也踏上这一探索之旅，就在此时此刻。

## 第四章　一切万有

> 尽管那根本的真实——那究竟的实相——是无法命名的,但智者称其为一切万有。
>
> ——凯巴林

> 本质上,一切万有是不可知的。
>
> ——凯巴林

> 然而,我们必须以友善、尊重的态度对待理性的推论。
>
> ——凯巴林

这些人类的理性推论——只要我们略加思考就必须接受的推论——在不试图移除"未知的面纱"的情况下,为我们提供了以下关于一切万有的讯息:

1. 一切万有一定是"真实存在的一切"。没有任何事物存在于一切万有之外,否则的话,一切万有就不会是一切万有。

2. 一切万有一定是无限的,因为没有什么能够定义、局限、界定、限制或约束它。一切万有在时间上必定是无限的,或者永恒的。它一定是亘古存在、无始无终的，因为没有什么能够创造它，而且事物绝不可能凭空而出；如果它曾经"并不存在"的话，即使只是片刻须臾，它现在也不会"存在"。那么，它必定是一直存在的，且亘古永恒。因为没有什么能够摧毁它，它永远也不会"不存在"，哪怕只是短暂的一刻，因为没有任何事物能够"化为虚无"。一切万有在空间上必定是无限的，它必定无处不在，因为没有任何地方能够存在于一切万有之外。它在空间上必定是连续的，没有任何断裂、休止、间隔或中断，因为没有什么能够打破、切断或中断其连续性，也没有什么能够"填充裂缝"。一切万有在力量上必定是无限的，或者绝对的，因为没有什么能够限制、约束、压制、局限、妨碍或制约它；它不受任何其他的力量支配，因为根本不存在什么其他的力量。

3. 一切万有一定是不可改变的，或者说，其真实本质不会发生任何变化，因为没有什么能够使其改变。而且，它无法变成其他的什么，也没有什么能够变成它。此外，它不增不减，不会在任何面向变大或变小。它必定一直就像现在这样，而且也将一直保持现在的样子。它从来没有、现在不会、将来也永远不会变成其他任何"东西"。

## 第四章 一切万有

既然一切万有是无限、绝对、永恒和不可改变的,那么就是说,所有有限、可变、流逝与有条件的事物都不可能是一切万有。此外,既然一切万有之外不存在任何事物,那么,所有有限的事物都必定是不真实的。请不要迷惑,也不要害怕,我们并不想将你带入打着赫尔墨斯哲学旗号的基督教科学派的领域。这一明显的矛盾是可以调和的。要有耐心,我们会在适当的时候讨论这一点。

环顾四周那些被称为"物质"的东西,它们构成了一切形和相的物理基础。一切万有只是物质吗?绝非如此!物质无法彰显为生命或心智。既然生命与心智已被彰显于宇宙之中,一切万有就不可能是物质,因为没有任何事物能够高出其本源,没有任何事情能够在不存在于"因"的情况下就彰显为"果",没有任何事物能够在缺乏"前因"的情况下演变为"后果"。现代科学告诉我们,其实根本不存在什么"物质",被我们称之为"物质"的,只不过是"断续的"能量或力,亦即,振动频率较低的能量或力。近期[1]一位著作者写道:"物质消融于神秘之中。"甚至材料科学也放弃了物质理论,以"能量"为其

---

[1] 本书问世于1908年。——译者注

理论基础或者说出发点。

那么，一切万有只是能量或力吗？它绝非唯物主义者所说的"能量"或"力"，因为他们眼中的"能量"和"力"是盲目、机械的东西，缺乏生命与心智。生命与心智绝不可能从盲目的能量或力中发展出来，原因如前所述："没有任何事物能够高出其本源；不存在于前因之中，也就不可能成为后果；未被蕴含于'因'，也就不可能彰显于'果'。"因此，一切万有不可能只是能量或力，否则的话，就不会有生命与心智的存在。我们都明白这一点，因为我们都具有生命力，而且运用心智来思考这一问题。那些声称一切皆为能量或力的人亦如此。

宇宙中有什么高于物质和能量的呢？生命与心智！发展程度各异的生命与心智！可能你们会问："那么，你是说一切万有是生命与心智？"是也不是！这就是我们的回答。如果你们所指的是渺小的人类所理解的"生命"与"心智"，我们的回答是"非也"！一切万有不是人类所理解的"生命"与"心智"！你们又问："那是什么样的生命与心智呢？"回答是"活生生的心智，远高于人类对这几个词的理解。生命与心智高于机械力与物质；同样，无限的活生生的心智也高于有限的生命与心智。"当那些

## 第四章　一切万有

开悟的灵魂恭敬地说出"精神（SPIRIT）"！这个词时，指的就是这一无限的心智。

"一切万有"是无限的活生生的心智，开悟者称其为精神！

## 译者注
### 不识庐山真面目

"不识庐山真面目，只缘身在此山中"，绝大多数人都知道苏轼这两句诗，细想其中的哲理，也是"当然如此"的感觉，身处山中，当然看不到山的全貌了。那么，我们作为一切万有的一分子，身处其中，怎么可能看到它的全貌呢？就像一个人身体中的细胞，是无法得知自己所处其中的这个人是什么样子的。不过，无论山中人是否看得到连绵的群山，它们都在那里；无论细胞能否看到自己"主人"的模样，人也确确实实地存在。不仅如此，山中人与细胞也对这"更大的存在"有着或清晰或模糊的感觉。

也因此，各种文化、宗教以及思想流派都对一切万有有着形形色色的猜测，并赋予其各种各样的称呼与描述，比如神、上帝、安拉、宇宙万物的本原等等。佛教没有一个"人格化"的造物主，而是以缘起论作为其种种理论的基石。当然，世上还有众多坚定的无神论者（许多无神论者其实不相信"人格化"的神）。无论如何，所有这些推测与理论都只是盲人摸象般的尝试而已。话虽如此，尽管是盲人摸象，尽管这些了解都是极其有限的，解释说明起来却是难上加难。还是继续引用刚刚提到的例子，如果让一个细胞给另一个细胞解释，什么是胳膊，什么是腿，什么是大脑，什么又是整个身体；甚或什么是表情，什么是眼神，什么是"一个人"，那可真是难为"说"与"听"的双方了。更何况细胞和人之间的差异，与人类和一切万有之间的差异相比，根本是不值一提的。简单地类比一下，假设一切万有是"一个人"，这个人身体里的一个细胞称为$A_1$；$A_1$自一切万有中生起，在其内存在与生活，并具有一切万有的特性。接下来再假设$A_1$是"一个人"，这个小人身体里的一个细胞称为$A_2$，$A_2$存在于$A_1$之中，具有$A_1$的特性——也就具有一切万有的特性；再假设$A_2$是"一个人"，这个小小人身体里的某一个细胞称为$A_3$……这样一直假设下去，假设$A_{n-1}$是"一个人"，$A_{n-1}$身体里有一个细胞$A_n$，$A_n$就是我们。就是说，我们都源自一切万有，

## 第四章 一切万有

是一切万有的细胞的细胞……的细胞。它是我们的本源，我们同无数个处于各个层面的细胞一起，构成了一切万有。也因此，虽然我们都具有一切万有的特性——有人称之为神性，人类有限的大脑却无法完全了解它。

赫尔墨斯大师们虽然深知一切万有是不可知的，但是，他们也同时推测说一切万有是永恒、无限、不生不灭、不增不减的。他们将一切万有看作是活生生的无限心智，而宇宙则是一切万有的显化，存在于一切万有的心智之中。这与楞严经中所说的"诸法所生，唯心所现。一切因果，世界微尘，因心成体。"有着一定的相似性，或者说思维方向是相同的。

既然包括我们在内的一切万物都存在于一切万有的心智之中，既然相由心生，相随心转，那么，心智炼金术就是借由改变"心"来改变"相"的魔法。掌握了这一"魔法"，并将其运用于日常生活中，就能够改变自己不想要的生活与情境，将内心深处的梦想带入现实。究其本质，魔法与魔术并没有什么区别。在门外汉眼中，它们都是神奇的，令人惊叹的；而一旦掌握了其中的原理，并勤加修习，做到熟能生巧，众人眼中的魔术与魔法都只是简单的"技巧"而已。

或许人们会问，既然不可知，那神啊、上帝啊、命运啊、冥冥中的力量啊，到底存在不存在呢？记得有人问我："上帝到底存在不存在？"我的回答是："这不重要吧，如果因着信上帝而心中充满宁静、喜悦与活力，那上帝就存在；如果觉得上帝不存在，并因此而拥有宁静、喜悦与活力，那上帝就不存在。何必为着一个人类无法完全理解的问题纠结呢？"这本书并不是为了求证一切万有是否存在。至于如何命名或诠释它，亦非本书的重点。本书的目的是将关于宇宙运行规律的赫尔墨斯智慧呈现给大家。人类在浩瀚的宇宙面前是如此的渺小，统御宇宙，主宰自然，或许都是奢望。然而，"应天而行，我的人生我做主"却是实际可行的。古今中外，诸如此类的例子数不胜数。对赫尔墨斯七大原理的了解，就是我们借势而行的有力工具之一。无论你是否相信一切万有的存在，赫尔墨斯智慧都会为你提供在人生海洋上自在前行的兰舟。

第五章

The Book of Secrets

**心智宇宙**

宇宙是心智的,存在于一切万有的心智之中。

——凯巴林

## 第五章　心智宇宙

一切万有是精神！那么，什么是精神呢？这个问题无法回答，因为这个词实际上是对一切万有的定义，而一切万有是无法诠释与定义的。"精神"只是一个名称，人们以之来称呼"无限的活生生的心智"这一最高的概念，它意指"真正的实质"，意指生机勃勃的心智，它远高于我们所知的生命与心智，就像后者远高于机械能与物质一样。"精神"超越了我们的理解范畴，我们使用这个词只是为了能够思索或者谈论一切万有。为了便于思考与理解，我们可以用"精神"来描述这一无限的活生生的心智，并同时承认我们根本无法完全了解它。此乃必须之举，否则的话就只能停止对这一问题的思考。

现在让我们一起来从"整体"与"部分"两个方面思考宇宙的本质。宇宙是什么？我们已经知道，一切万有之外什么都不存在。那么，宇宙就是一切万有吗？非也！这不可能，因为宇宙看上去是由许许多多的"事物"组成的，并在不断地变化。而且，在许多方面，它并不符合我们在前一章所讨论的关于一切万有的推论，那些我们不得不接纳的推论。"既然宇宙并非一切万有，那么它必定什么都不是"，大脑可能会立刻得出这一结论。然而，这并不是一个令人满意的答案，因为我们都能够感觉到宇宙的存在。可是，如果宇宙既非一切万有，亦非"什么都不是"，那它能是什么呢？让我们一起来探讨这个问题。

如果宇宙确实存在的话，或者说看上去是存在的，那么它必定是源于一切万有，亦即，它必定是一切万有创造的。然而，既然事物绝不可能凭空而生，那一切万有又是用什么创造的宇宙呢？一些哲学家对此的回答是，一切万有用自身创造了宇宙，就是说，借由其自身的存在与本质创造了宇宙。不过，这个答案并不成立，正如我们所了解的，一切万有是无法被减少或分割的。不仅如此，如果真如他们所说的那样，难道宇宙中的各个粒子会不知道自己是一切万有的一分子吗？事实是，一切万有不会失去自我觉知，也不会真的变成原子、盲目的力量或者较低的生命体。自古至今，确实有一些人意识到一切万有就是所有的一切，并同时对自身的存在具有一定的认知，他们由此轻率地得出自己等同于一切万有的结论，高呼"我是上帝"，引起了大众的嘲笑与圣人的悲哀。与其相比，宣称"我是人！"的细胞还算是谦虚的了。

那么，如果宇宙不是一切万有，又不是一切万有将自身分离而创造的，它到底是什么呢？它还能是什么？还能用什么创造呢？这是一个宏大深奥的问题。让我们认真地

## 第五章　心智宇宙

探讨一下这个问题。此处，对应原理（见第二章）能够助我们一臂之力。在这一点上，我们能够借鉴古老的赫尔墨斯格言"其下如其上，其上如其下。"让我们试着透过检视自己所处的层面来对更高层面上的运作有一丝了解。对应原理一定适用于此，以及其他各种各样的问题。

让我们一起来看一看，在人类所处的存在层面上，人类是如何进行创造的？首先，人类会运用外在的物质来创造。可是，这是不可行的，因为一切万有之外并不存在任何供它进行创造的物质。其次，人类通过生育来繁殖同类，亦即，借由把自身本质的一部分传递给后代来进行繁衍。不过，这也是不可行的，因为一切万有既无法传递或减掉自身的一部分，也无法繁殖或增加自身的数量。前者需要从一切万有之中"取走"什么，后者则涉及增殖或者为一切万有增加点什么。二者皆颇为荒谬。那么，人类进行创造的过程中是否存在着第三种创造方式呢？是的，确实如此，这就是通过心智创造！如此这般，创造者既不需要外在的物质，也无须去繁殖自己，不仅如此，他的精神闪耀在他所有的心智创造之中。

根据对应原理，我们有理由认为，一切万有借由心智创造了宇宙，这和人类创造心智图像的过程相似。而且，在这一点上，理性推论与开悟者们在他们的教导与著作中所阐述的完全一致。智者的教导如此，赫尔墨斯教导亦如此。

一切万有只能借由心智来创造，它既不能运用物质（无物可用），也不能繁殖自己（这也是不可能的）。该推论没有疏漏，也符合那些开悟者的最高教导。正如你们这些学生在心智中创造自己的宇宙，一切万有也在其心智中创造宇宙。只不过你们的宇宙是有限心智的创造，而一切万有的宇宙是无限心智的创造。二者在类型上相似，在程度上却有着无限的差距。随着本书的进展，我们将更加细致地探察这一创造与彰显的过程。此时你们要牢记一点：宇宙，以及它所涵括的一切，是一切万有的心智创造。确确实实，一切都是心智！

一切万有在其无限的心智中创造了无以计数的宇宙，它们已经存在了亿亿万万年。然而，对于一切万有而言，这无数个宇宙的成住坏灭只是眨眼的一瞬间。

——凯巴林

一切万有的无限心智是宇宙的子宫。

——凯巴林

## 第五章　心智宇宙

性别原理（见第二章以及后续的章节）运作于所有的生命、物质、心智与精神层面。然而，如前所述，"性别"并不等同于"生理性别"，生理性别只是性别的物质彰显。"性别"意指"与产生及创造有关"。在任何层面上，任何事物的产生或创造，性别原理都必定彰显其中，即使宇宙的创造亦如此。不过，不要草率地得出结论，认为我们正在教导你们"存在着男女两性的上帝或创造者"。这个想法只是对关于这一主题的古代教导的歪曲。真正的教导是：一切万有本身是超乎性别的，它超乎于包括时间与空间法则在内的所有法则。它是法中之法，一切法则皆由其而生，它并不服从于它们。然而，当一切万有显化于产生与创造的层面时，则会遵循这些法则与原理，因为它运行于一个较低的存在层面。也因此，在心智层面上，它当然会彰显性别原理，呈现出阳性与阴性这两个面向。

你们之中首次听到这一说法的人，可能会感到惊讶。但其实在不知不觉中，你们早已被动地将其纳入了自己的日常观念。你们谈及上帝的父性身份与自然的母性身份（上帝，神圣天父；自然，宇宙母亲），可以说，你们本能地承认与接受了宇宙中的性别原理。难道不是这样吗？

然而，赫尔墨斯教导并不是说一切万有真的具有二元性，它是绝对的"一"。上述两个面向只是它所彰显出来的面向。赫尔墨斯教导说，在某种程度上，一切万有所彰显出的阳性面向并不直接参与宇宙的实际心智创造，它将自己的意愿投射给阴性面向（我们可以将其称为"自然"），后者则开始进行宇宙演化的实际工作，从简单的"活动中心"（centres of activity）到人类，直至更高、更更高的层次，一切都依从稳固且被严格实施的自然法则。如果你更偏爱古老的思想体系，那可以将阳性面向看作是上帝，天父；将阴性面向看作是自然，万物皆由其而生的宇宙母亲。这并不仅仅是一种诗意的比喻，而是对宇宙实际创造过程的看法。不过，请永远牢记，一切万有是绝对的"一"，宇宙产生、被创造且存在于其无限的心智之中。

或许，将对应原理运用在自己身上，自己的思想中，会助你正确地理解上述说法。你知道，你称为"主我"（I）的那一部分心智，在某种意义上，以旁观者的身份，见证着你头脑中那些心智图像的创造。而实现心智创造的那一部分心智则可以被称作"客我"（Me），从

## 第五章　心智宇宙

而与"主我"——它站在一旁见证与检视"客我"的想法、观念与图像——区分开来。[1]不要忘了,"其下如其上",我们能够借助某一层面上的现象来解决比它更高或更低层面上的谜题。

毫不奇怪,你,作为子民的你,对一切万有怀有一种本能上的敬仰,我们称这种感受,这种对"父性心智"的尊重与敬仰为"宗教信仰";毫不奇怪,当你想到自然的鬼斧神工与神奇殊胜,也会于心底产生强烈的感受。此时此刻,你所贴近的正是"母性心智",正如婴儿紧贴着母亲的胸膛一般。

不要错误地以为你周遭这个小小的世界——地球,宇宙中的一粒微尘——就是宇宙本身。地球这样的世界,甚至比其更大的世界,均数不胜数。不仅如此,在一切万有的无限心智中,像我们这样的宇宙更是无以数计。即使在我们所处的小小的太阳系中,也存在着许多区域与层面,那里的生命远高于我们。我们与这些生命体之间的差距,不逊于海底那些最低级的生命形式与人类之间的差距。那里的一些生命体,其能力与特质远高于人类梦想中的神

---

[1] 后面"心智的性别"那一章会详细讨论"主我"与"客我"这两个心智面向。——译者注

祗。而且，这些生命体曾经与你一样，甚至还低于你；而你，有朝一日也会变得和他们极其相近，不分伯仲，甚至更高于他们，因为这是人类的天命——那些开悟者所描述的人类天命。

死亡乃是幻相，即使在相对意义上亦如此——它只是新一轮生命的开始。你会一次次地诞生，开始新的生命，进入更高的生命形式与生命层次，这是一个漫长的进化历程。宇宙就是你的家。你将在海枯石烂之前，不断地探索宇宙的"天涯海角"。你居住在一切万有的无限心智之中，你所拥有的可能性与机遇也是无限的，无论在时间上还是空间上都如此。在这一历时亿亿万万年的大周期的尽头，一切万有会收回自己所创造的一切，而你，将会快乐地随行，那时的你将能够了解与一切万有彻底融合的全部真相。那些在这条路上远远走在前面的开悟者如是说。

与此同时，保持冷静与安详。你是安全的，父性—母性心智的无限力量正在保护着你。

父性—母性心智是其凡尘子民的家。

——凯巴林

## 第五章 心智宇宙

宇宙中不存在无父或无母的生命体。

——凯巴林

### 译者注
### 庄子之舟

宇宙是心智的,这并非赫尔墨斯智慧的独特认知。佛家的"一切诸法皆由心生",南宋陆象山所言"宇宙便是吾心,吾心即是宇宙"等等,以及前面所引用的《楞严经》的说法"诸法所生,唯心所现。一切因果,世界微尘,因心成体",都在不同程度上阐述着相同的道理。

与浩渺莫测的宇宙相比,人真的很小很小,可是,以我们自己有限的目光来看,我们自己的人生、自己的世界却具有无与伦比的重要性。太阳系之外有颗星星爆炸了,这与我何干?若我们自己的亲人辞世而去,或者我们自己卧病在床,生活暂时无法自理,我们则会伤心苦恼,仿佛自己是世上最不幸、最倒霉的人。甚至,我们支持的球队输球了,也比那颗爆炸的星星惨痛得多。

话又说回来,这样想是可以理解的,也是无可厚非的。毕竟我们所谓的世界其实多指我们看到、听到、经历到的一切。某个心爱的人（比如亲密或亲子关系）走了，仿佛整个世界都坍塌了，此类描述并不仅仅是单纯的比喻或夸张吧。也因此，本书会重点讨论一点，亦即，既然宇宙是心智的，作为宇宙的一部分，我们所处的世界也是心智的，那么，如何运用心智来改变我们生活中、世界上那些"不如意"的情境呢？如何创造自己想要的生活与环境呢？

既然宇宙是心智的，运用心智来创造自己想要的生活就是可能的，更是实际可行的。信念创造实相，这并非天方夜谭。人生境遇就像是信念与思想的水中倒影，有什么样的信念与思想就会投射出什么样的人生。一个人的信念会主宰其未来的命运。所以，当你觉得人生不如意的时候，抱怨、愤怒、怀疑与绝望等都是无济于事的，不仅如此，这些消极负面的情绪能量只会吸引到更多消极负面的人与事，进入你的生活。唯一的解决之道就是"面对与改变"。其中最有效的方法就是首先检视自己，看看自己的哪些信念与思想导致了这些"不如意"。信念与思想是"因"，与这些信念和思想相一致的人生和境遇就是"果"，所谓种瓜得瓜，种豆得豆（当然，因果绝非简单的线性关系，后续章节中将对此进行详细的讨论）。也因

## 第五章　心智宇宙

此，我们能够运用巨大的心智力量，来吸引、创造自己想要的一切。

举例而言，一场自然灾害，为一座城市带来了严重的创伤。房屋倒塌，各种设施遭受重创，死伤人数令人震惊与深痛。许多人失去了亲人，失去了家。毋庸置疑，对于这些人，这座城市而言，这是一件糟得不能再糟的事，"仿佛整个世界都坍塌了"。我想，任何听闻此事的人，都会升起伤痛、悲哀、同情、惋惜等各种各样的心情。许多人也会伸出援助的双手，尽自己的一臂之力，帮助受灾的人尽快重建自己的世界。那些灾难之后的幸存之人，他们可以选择从此以后一蹶不振，"老天对我如此不公平，努力又有什么用？老天一发威，什么都没了！"甚至那些千里之遥的人也能够因此为自己找到借口："努力有什么用？一场灾难从天而降，还不是什么都没了！"反之亦然，人们会从中看到人生的无常，不再得过且过，更加珍惜当下，以实际行动快乐地度过每一天。他们会不再犹豫，不再拖延，立刻着手从事自己喜欢的事情；他们会更加关注与呵护身边的人，感恩他们的陪伴，也因此家庭关系、亲密关系、工作关系等各种关系获得好转，其乐融融。能够在温馨的生活环境中做自己喜欢的事，这貌似简单的事情，又是多少人尚未实现的梦想呢？

此外，《庄子·山木》中有一则小故事，说是有人乘舟横渡，如果一条空船顺流而下，撞上了他的船，即使本性脾气暴躁，他也不会和空船争吵论理。而如果他看到船上有人，他对那人高呼小心，一次，两次，三次，最终还是被撞，他就会大发雷霆，至于结果如何，也看对方的反应了。究其本质的话，二者并没有什么区别，都是"渡水之时，自己的船被撞"。之所以有着如此不同的结果，是因为此人的思想与想法不同，也因此做出的反应不同。就是说，我们生活中所发生的事情其实都是中性的，伤害我们的不是事情本身，而是我们对事情的看法。而这些看法与想法，又源自于我们的信念。更有甚者，这些看法以及我们因此而做出的反应，不仅会伤害我们自己，还有可能会直接与间接地伤害他人。

"他应该看到我的船，他应该听到我对他的警告，我都喊了三次了，他应该及时调整船头！"而一条空船则无须承担这些期待，这些"应该"。也因此，他认为自己的怒气是完全有理由的，甚至是天经地义的。我们在日常生活中又为他人加上了多少个"应该"呢？

"他／她应该对我好；我过生日他／她应该给我礼物；

## 第五章　心智宇宙

他／她应该照顾我；我现在需要帮助，他／她应该帮助我；他／她应该接受我的道歉；他／她应该接受我的好意；他／她应该看到我的努力；他／她应该为我升职或提薪……"等等等等各种各样的"应该"。而看到或认为他人并没有履行其"应该"做的事时，估计很少会有人因此而心生感恩，"感恩他／她没有给我生日礼物……感恩他／她没有看到我的努力……"，继而心中充满喜悦。恰恰相反，期望越大的人失望往往也越大，尤其是坚信对方应该如何如何的人，他们可能会因此而生气、愤怒、抱怨……甚至做出过激的行为。同是"乘船被撞"，空船（没有各种期待与要求）与有人驾船（充满了期待与要求）就引起了截然不同的情绪，继而是截然不同的反应，与截然不同的后果。

一切都是心智的，一个人所体验到的一切也都是其心智的投射。你的心智决定了你的世界。了解了心智宇宙的运作原理，掌握了宇宙万物的运行规律，也就能够运用这些智慧来改变、创造自己的人生。人们之所以觉得某些事情很神秘，只是因为不了解。一旦了解了，就会发现其实它们极其浅显平常，毫无神秘之处。宇宙法则亦如此。它们虽博大精深，但也运作于日常生活中的"小事"上。就像万有引力定律，大处，我们可以运用它来设计宇宙飞船；小处，苹果落地也因之而起。请与我们一起，追随赫尔墨斯的脚印，探索其实并不神秘的宇宙法则以及创造理想人生的途径。

▲

第六章

The Book of Secrets

**神圣的悖论性**

小智小慧之人，认识到宇宙相对的不真实性，臆想自己能够蔑视宇宙法则。这些都是自负、跋扈的蠢人，会因着自己的愚蠢而被击得粉身碎骨。真正的智者了解宇宙的本质，他们以较大的法则克服较小的法则，以较高的法则克服较低的法则，并运用炼金术将不符合心愿的转化成有价值的，尽享凯旋之喜。驾驭的艺术不在于奇异的梦和视景，以及异想天开的意象或生活，而在于运用较高的力量克服较低的力量，通过将自己提升至较高的层面来脱离低层之苦。转化，而非专横的否定与忽视，是大师们的武器。

——凯巴林

# 第六章　神圣的悖论性

这是极性原理——在一切万有开始创造之时便起作用的极性原理——所导致的宇宙的悖论性。请认真聆听我们对此的阐述，因为它表明了大智慧与小聪明之间的区别。对于无限的一切万有而言，宇宙以及宇宙法则、力量、生命与现象都是它在冥想或梦中所看到、所见证的事情。而对于一切有限的生命体而言，宇宙则必须被看作是真实的，我们的生活、行为与思想也必须以此为出发点；不过与此同时，也要保持对更高真相的了解。每个生命体都应如此看待自己所居处的层面及其法则。一方面，假如一切万有真将宇宙看作是"真实的实相"的话，那么整个宇宙就是一个莫大的悲哀，因为从低级走向高级，日趋神圣的可能性就不复存在。宇宙将是固定不变的，任何发展与演变都是不可能的。另一方面，如果人类依赖于小智小慧，无论在行为、生活还是思想上都仅仅将宇宙看作是一场梦（如同他们自己那有限的梦境），那么，宇宙对他们而言，也会真的变成这样。他们如同梦游者一般，东倒西歪地在原地一圈又一圈地走，毫无进步，最终因着忽视自然法则而碰得鼻青脸肿、头破血流，才被迫醒来。心中有星光，目光留意脚下，这样你才不会因头颅高昂而掉入泥沼。请谨记这神圣的悖论性，亦即，宇宙亦虚亦实，亦真亦幻。永远记住真相的两个极点——绝对的一极与相对的一极，谨防那些"半真理"！

赫尔墨斯主义者眼中的"悖论法则"是极性原理的一个面向。赫尔墨斯秘学著作也多次提到在考虑关于"生命"及"存在"的问题时不可回避的悖论性。那些睿智的老师不断地提醒学生们，看待任何问题时，都不要只单纯地关注其中的一个方面，而忽略另一方面。他们的提醒特别针对那些涉及"绝对"与"相对"的问题，这些问题使得每一个学习哲学的学生都感到困惑不已，导致了许多违背"常识"的思想与言行。此处，我们告诫所有的学生，一定要了解这一"绝对与相对"的神圣悖论性，否则的话，就会陷入"半真理"的泥沼。也因此，我们专门写下了这一章。请仔细阅读！

当一个人认识到"宇宙是一切万有的心智创造"这一真理后，进入其大脑的第一个想法就是，宇宙及其所蕴含的一切都仅仅是幻相，是不真实的。然而，其直觉却又与这一想法相抵触。这个问题，正如其他那些伟大的真理一样，必须从"绝对"与"相对"两个角度来考虑。从绝对的观点来看，毋庸置疑，与一切万有相比，宇宙在本质上就是幻相，是一场梦，是千变万化的幻景。即使在世俗观

# 第六章　神圣的悖论性

念中，我们也能够看到这一点。比如，我们说这个世界昙花一现般来、去、成、灭。而且，无论我们如何看待一切万有以及它所创造的宇宙，无论我们对二者的本质有何看法，都曾经将无常、变化、有限以及非实质性等诸多特性与宇宙——相对于一切万有的宇宙——联系在一起。哲学家、形而上学主义者、科学家以及神学家都认同这一观点，在形形色色的哲学思想与宗教见解，以及形而上学和神学学派的理论中，这一观念并不鲜见。

因此，相对于人们比较耳熟的那些词汇用语而言，赫尔墨斯教导并没有更激烈地宣扬宇宙的非实质性，尽管在某种程度上，他们对于这一主题的探讨显得更为令人惊讶。所有的思想流派都认为，从某种意义上说，任何有始有终的事物都必定是虚幻、不真实的，宇宙也不例外。从绝对的观点来看，除了一切万有以外，再没有什么是真实不虚的，无论我们运用什么样的词汇来思考与探讨这一主题都如此。无论宇宙是由物质构建而成的，还是一切万有的心智创造，它都是非实质、不持久，具有时间性与空间性，且时时在变化的。我们希望，你们在评判关于宇宙之心智本性的赫尔墨斯观点之前，能够先透彻地认知、了解这一事实。同时，希望你们也能够认真思考一下其他那些观点与概念，看看它们是否与这一事实相符合。

然而，绝对的观点只是展示了"硬币的一面"，另一面则是相对的观点。绝对的真理被定义为"上帝对事物的知晓"，相对的真理则被定义为"人类最高理智对事物的理解"。尽管对一切万有来说，宇宙必定是虚幻不真实的，只不过是一个梦或者冥想的结果；而对于作为宇宙的一个组成部分，透过凡人感官来观察宇宙的有限心智而言，宇宙确实是非常真实的，而且也必须如此认为。在认知领会绝对的观点时，一定不要错误地忽略或否定我们借由凡人之眼所看到的事实与现象，尽管我们观察宇宙的能力是有限的。要记住，我们不是一切万有！

举个我们大家都熟悉的例子。我们都承认物质对于我们的感官而言是"实际存在的"这一事实——如果并非如此的话，那我们可实在是糟糕透顶了。然而，甚至我们那有限的心智都了解某一科学断言，亦即，从科学的角度来看，根本不存在"物质"这种东西。我们所谓的"物质"只不过是若干原子的集合，而这些原子本身又是由一些"力之单元"组合在一起的，我们称它们为电子等。它们一直振动着，不停地旋转着。我们踢一块石头，并感受到

## 第六章　神圣的悖论性

冲撞，石头仿佛是真的，尽管我们知道它只是像我们刚刚所描述的那样。此外，请不要忘记，我们那借由大脑而感觉到碰撞的脚也是物质，也是由电子等组成的。我们的大脑也不例外。更有甚者，如果不是因为心智的运作，我们根本不可能知道还有脚或者石头。

再比如说，艺术家或雕塑家心中的念头与想法——那些他们试图重现于石头或画布上的想法——对他们来说都是非常真实的，作家以及剧作家脑海中的人物——那些他们竭力表现出来以使观众能够认出的人物——亦如此。如果对于我们有限的心智来说这些都是真实的，那么一切万有在其无限心智中所创造的心智图像又该有多真实呢？哦，朋友们，对于凡人而言，这个心智的宇宙确实是非常非常真实的。这是我们所能看到的唯一的宇宙，我们在其中从一个层面上升到另一个层面，次第提升。如果我们想通过"切身体验"之外的方式来了解宇宙，就必须成为一切万有本身。诚然，我们提升得越高，距离"天父心智"越近，有限事物的虚幻本质对我们来说就变得越来越显而易见。不过，只有当一切万有最终将我们收回它之内的时候，这一幻象才会真正彻底地消失。

因此，我们无须纠缠着宇宙的虚幻性不放。还是让我们来认知宇宙的真实本质，试着去了解其心智法则，并在生命发展的过程中，在从一个存在层面到另一个存在层面的旅程中，尽力运用这些法则，以获得最佳效果。纵然宇宙的本质是心智的，其法则却依然是"铁的法则"。除了一切万有之外，一切都受其制约。存在于一切万有之无限心智中的一切，其真实性仅次于一切万有本身所固有的真实性。

因此，不要感到不安或害怕，我们都牢牢地根植于一切万有的无限心智之中。没有什么能够伤害我们的，或者值得我们去害怕的。一切万有之外没有任何能够影响我们的力量。因此，我们能够保持冷静与安详。一旦认识到这一点，我们就拥有一个自在、安全的世界，就能够"在深海的摇篮里，宁静且安详地睡着"[1]，安全地漂在无限心智的辽阔海洋上。该无限心智就是一切万有。确实如此，在一切万有之中，"我们生活、动作与存留"[2]。

在物质层面上，物质对于我们来说依然是物质，尽管我们知道物质只是"电子"或者说"力之粒子"的

---

[1] 引自美国教育家、女权运动先驱Emma Hart Willard（1787—1870）的诗*Rocked in the cradle of the deep*。——译者注

[2] 这句话引自《圣经·使徒行传》。——译者注

## 第六章 神圣的悖论性

聚合。它们高速振动，旋转，构成原子。而原子也在振动与旋转，构成分子。分子则构成质量更大的物质。此外，物质不会"减"，不会变得"少于物质"。继续深究下去，根据赫尔墨斯教导，电子之间的力只不过是一切万有的心智彰显，和宇宙中其他的一切一样，在本质上都纯粹是心智的。然而，在物质层面上，我们必须认知一个现象：我们可以掌控物质（正如那些水平各异的大师一样），不过这是通过运用更高层面上的力量来实现的。试图否认物质于相对面向上的存在是愚蠢的。我们可以认为自己不受控于物质——确实如此，不过却不应忽视相对面向上的物质，至少只要我们依然居住于物质层面上就不能这样做。

同样，当我们认识到自然法则只是心智创造时，它们的恒常性与有效性也不会因此而减小。它们在众多层面上依然完全有效。我们只能运用较高的法则来克服较低的法则，这是唯一的方式。尽管如此，我们无法完全逃避或超越自然法则。只有一切万有才能够超脱于法则，这是因为，一切万有本身就是最根本的"法"，一切法则都从中生出。那些造诣最为精深的大师们能够获取人们心目中只有神才具有的力量。然而，在数不胜数的生命层级中，有无数个等级的存有,他们的力量甚至超过了人类中最高深的大师,达到了凡人无法想象的程度。尽管如此,即使最高的大师,最高的存有,也必须遵从于法则;而且在一切万有眼中,他们什么都不是。就是说,即使这些最高的存有——其力量远超过人们尊崇的神灵,即使他们都受限于法则,必须遵从法则,那么,可以想象,一个凡人——和我们同类、同等级的人——竟敢将自然法则看作是"不真实"的空想与幻觉,只因为他碰巧领会到"本质上,一切法则皆为心智的,只是一切万有的心智创造"的真相,这是多么自以为是的臆断啊。那些法则,一切万有"设定"的支配法则,是不容违抗与辩驳的。宇宙持续多久,它们就持续多久,因为宇宙依凭它们而存在,它们形成了宇宙的框架,维系宇宙的存在。

赫尔墨斯心智原理,尽管它以"一切皆为心智"为出发点来诠释宇宙的真实本质,但它并不会改变关于宇宙、生命以及进化的科学观念。事实上,科学只是在不断地证实赫尔墨斯教导。赫尔墨斯教导告诉我们宇宙在本质上是"心智的",现代科学则教导说宇宙是"物质的",或者用新近的观点来看是"能量的"。赫尔墨斯教导与赫伯特·斯宾塞(Herbert Spencer)主张"存在着一个无限且

## 第六章　神圣的悖论性

永恒的能量，万物皆由其而生"的理论并不相悖。事实上，赫尔墨斯主义者认为，在所有流传于世的关于自然法则之运作的理论中，斯宾塞哲学中的观点是最精辟的。而且，他们认为斯宾塞是某位远古哲学家的转世。这位哲学家于数千年前居于埃及，后来转世为赫拉克利特，一位生活在公元前500年的希腊哲学家。赫尔墨斯主义者认为"无限且永恒的能量"这一观点与赫尔墨斯教导完全一致，并认为斯宾塞所指的"能量"就是一切万有的心智能量。有了赫尔墨斯哲学的万能钥匙，斯宾塞的学生就能够开启这位伟大的英国哲学家的内在哲学圣殿的一道道门。他的成就展示了他于若干前世为此所做的准备。他关于进化与律动的教导与赫尔墨斯关于律动原理的教导几乎完全一致。

因此，赫尔墨斯哲学的学生无需将那些关于宇宙的珍贵科学观点搁置一旁，他需要做的只是了悟"一切万有乃为心智，宇宙是心智的，存在于一切万有的心智之中"这一基本原理。他会发现，赫尔墨斯七大原理中的其他六个原理也"符合"他所了解的科学知识，会助他走出盲点，为他照亮黑暗的角落。看一看早期希腊哲学家脑中的赫尔墨斯思想所具有的深远影响——它是许多现代科学理论的思想基础，你就会发现，我们这一说法并不夸张。是否接纳赫尔墨斯第一原理（心智原理），这是现代科学与赫尔墨斯哲学修习者之间唯一重要的不同。而在黑暗的迷宫中寻找真相的科学，在其试图走出迷宫的探索道途上，正在逐渐接近赫尔墨斯哲学所处的位置。

本章旨在帮助我们的学生牢记如下的事实：对于人类而言，无论意愿与目的如何，宇宙及其法则与现象正如真的一般，就像唯物主义或能量主义所假设的那样。在任何理论下，宇宙于外在都是不断变化、永远流动且短暂易逝的，也因此缺乏实质性与实际性。然而（这是真理的另一极点），在同样的理论下，我们却不得不"假装"不断流逝的事物是真实又实在的，并以之为出发点来行动与生活。各种理论之间有一个关键的不同，一些古老的观点并不认为心智力量是一种自然力量，而心智主义（Mentalism）则认为它是最伟大的自然力量。对于那些明了心智原理及其衍生法则与实际应用的人而言，这一认知上的不同使其生命获得了革新性的变化。

我们希望，最终，所有的学生都会了解心智主义的精辟之处，并学着领悟、实施与运用其衍生的法则。不过，一定不要屈服于某些诱惑。正如凯巴林所强调的，这些诱

## 第六章　神圣的悖论性

惑会俘虏那些"小智小慧"之人，使他们执着于事物显而易见的不真实性。结果则是，他们像梦中之人一样徜徉于梦的世界中，完全忽略人类实际的工作与生活，并最终"会因着自己的愚蠢而被击得粉身碎骨"。还是以智慧之人为榜样吧，他们正如凯巴林所说"以较大的法则克服较小的法则，以较高的法则克服较低的法则，并运用炼金术将不符合心愿的转化成有价值的，尽享凯旋之喜"。让我们跟随权威的指引，不做忽视"驾驭的艺术不在于奇异的梦和视景，以及异想天开的意象或生活，而在于运用较高的力量克服较低的力量，通过将自己提升至较高的层面来脱离低层之苦"这一真理的小智小慧（此乃愚蠢）之人。学生们，请永远牢记："转化，而非专横的否定与忽视，是大师们的武器。"上述话语引自凯巴林，值得所有的学生谨记在心。

我们并非生活在一个梦的世界，而是活在一个对于我们的生活与行动而言极其真实的宇宙之中，尽管这种真实是相对的。我们在这个宇宙中的职责并不是否认其存在，而是好好地生活，运用宇宙法则来从较低的层面提升至较高的层面。就是说，在每一天出现的情境中都尽力活出精彩，尽一切可能活出我们最高的理念与理想。这一层面上的人并不了解生命的真正意义,是的,任何人都不了解。不过那些最高的权威以及我们自己的直觉告诉我们,尽可能依循自己内在的至善而活就不会犯错。要知道,宇宙的发展趋势也是永远向善的,尽管有时外在表象仿佛与此相悖。我们都走在永远向上的道途上,不仅如此,一路上还有足够的驿站,供我们小憩。

请阅读凯巴林讯息,遵循"智者"的榜样,避免"小智小慧"之人所犯的错误,他们因着自身的愚蠢而枯萎。

## 译者注
### 活在世间却不属于它

前一章阐述了宇宙的心智性,亦即一切万物都是心智的。但并不是说,既然一切都是心智的,是幻相,而非实实在在的存在,那就不要珍惜了。也因此,这一章紧接着就讨论了宇宙的悖论性。"对于无限的一切万有而言,宇宙以及宇宙法则、力量、生命与现象都是它在冥想或梦中所看到、所见证的事情。"这里作者强调了宇宙的虚幻性。"而对于一切有限的生命体而言,宇宙则必须被看作是真实的,我们的生活、行为与思想也必须以此为出发

## 第六章　神圣的悖论性

点",此处,作者又强调说,要将自己所处的世界看作是真实的存在,并认真对待。"不过与此同时,也要保持对更高真相的了解。"这里所谓的更高真相意指宇宙的虚幻性。"每个生命体都应如此看待自己所居处的层面及其法则。"作者以此建议读者。这就是说,从本质上讲,人生以及出现在我们生活中的所有事情都是虚幻的,都具有"空性",而我们则需要在了知其空性本质的基础上,认真对待它们,不执着,但也不轻视。正所谓"活在世间却不属于它"。

人们对庄公梦蝶的故事并不陌生。有一天庄子梦到自己化成了一只翩舞的蝴蝶,怡然自得,不知自己是庄周。一觉醒来,却发现是卧于床上的庄周。于是庄公唏嘘:"究竟是庄周化蝶,还是蝶化庄周?"以庄子的影响,后人不可能对此不浮想联翩。比如清人张潮就在其著作《幽梦影》中说:"庄周梦为蝴蝶,庄周之幸也;蝴蝶梦为庄周,蝴蝶之不幸也。"以佛家"轮回之苦"的观点来看,张潮的说法并不夸张。

此外,还有《庄子·至乐》中的一则故事,庄子的夫人去世,他却"鼓盆而歌"。前去吊唁的惠子表示不解,庄子说:"她刚刚去世时,我怎会不悲伤。然而,细细想来，她最初是没有生命、形体与气息的，在不可言喻的恍惚之间，她的气息、形体与生命形成。而现在她又归化为无生命，如四季交替一般。如今她静息于天地之间，我又有什么可哭泣的呢？"

这两则小故事都涉及事物的"真实"与"虚幻"。蝴蝶与庄公，哪个是真，哪个是幻？庄子夫人的肉身生命是实还是虚？夫人离世，庄子该悲而泣还是喜而歌？本章所阐述的思想是，宇宙亦真亦幻，亦实亦虚，"真实"与"虚幻"乃是宇宙的二元性。既然不可能确切地区分"真实"与"虚幻"，那还是向智者学习吧，在了解宇宙之"空性"本质的前提下，认真但不执着地对待出现在我们生活中的一切，并通过将自己提升至较高层面来脱离低层之"苦"；而不是像小智小慧之人那样，因为了悟到宇宙的虚幻性，便傲慢地否定它，忽视它。

言至此，想起曾经的一段对话，其中有这样几句。甲说："身体只不过是一具皮囊，有什么可珍惜的。"乙问："如果一个人连自己的身体都不珍惜，还会珍惜自己的什么？"此处提起这段对话，并不是要讨论孰是孰非的问题。二者都是对的，只不过观察角度不同而已。前者看到的是"空性"，是"无"；后者强调的是"实在性"，

## 第六章　神圣的悖论性

是"有"。换言之，这是一个"度"的问题。一味忽视自己的身体，直至其千疮百孔，过早倒下；或者极度关注自己的身体，一天量几次血压、心率与血糖等，稍感不适，就惊慌失措。上述两种情况，都值得商榷，都有些"过度"。身体如此，工作、金钱亦如此。不能说因为我们生不带来死不带去，工作与金钱都是"空"的，是"幻相"的一部分，就敷衍了事，怠倦消极，做出一副不食人间烟火的样子。也不能为了工作或金钱，不惜一切代价，并因为"失去"而捶胸顿足，情绪失控，怨天尤人，悲伤不已。

"心中有星光，目光留意脚下"，知道一切都是虚幻的，因此不执着，但是却会为实现自己想要的生活而努力，不以"反正一切都是虚幻的"作为借口，厌倦懈怠。有人觉得缺乏执着就难以把事情做好，无法获得成功。事实上，努力而不执着，反而更容易达成自己的目标。执着于某一事物的话，自身的情绪会受其影响，随着该事物的发展变化而波澜起伏，无异于风中幡。不仅如此，一个人被情绪主宰之时，既无法听到直觉的呢喃，也难以做出理智的决定，行动力也会深受影响。时时如此，事事如此的话，后果也就不言而喻了。

面对具体的人事物如此，面对整个人生亦如此。只有了悟了宇宙的悖论性，认识到"真实"与"虚幻"，"空"与"有"的相互关系，才能够轻松自在地"活在世间却不属于它"。"属于世间"的状态许多人都了解，可能也有切身体会，那就是，受控于外在因素，自己的喜怒哀乐甚至是否感到幸福也取决于是否获得了他人的关注、首肯与欣赏，以及是否取得了世人眼中的成功。而且，常常为了满足他人的期许，违背自己内心的愿望，去做自己并不喜欢的事情。虽然偶尔也会因着外在的成功而获得短暂的快乐，但相对于因着"违心而行"所导致的基础痛苦而言，这种快乐实在是微不足道，就像倏然飞过的燕子在水面上划过的一道涟漪，终会消失在无边的深渊中。另一方面，"不活在世间"的情况也并不鲜见。许多人，比如一些（刚刚）对灵性成长感兴趣的人，心中充满了孤独感，觉得自己是边缘人，无法融入社会；感觉自己得不到周遭环境的理解，对各种关系心怀恐惧；而且越置身于热闹的人群，越感到孤独。他们向往或者已经过着远离红尘、与世疏离的生活。而与此同时，却又无法忍受孤独感的蚕食，憧憬和谐融洽的互动关系，纵使不敢奢望能像俞伯牙那样有自己的钟子期，也希望能有一两个稍微理解自

## 第六章　神圣的悖论性

己的人。于是，对融入社会的恐惧（恐惧披有形形色色的外衣，故意轻视也是其中的一种）与对互动关系的渴望就形成了一对矛盾，撕扯着他们（日渐）敏感的心，焦虑、惶然、失望、怀疑、愤懑、担忧、歉疚、不安、痛苦等的情绪成了他们每天的互动伙伴。

"活在世间却不属于它"貌似一个很难抵达的层次，从某种角度上看也确实如此，对于尚未洞察一切万物之空性本质的人而言，更是如此。然而，对于智者——比如那些赫尔墨斯大师——而言，他们可以在明察"空性"的情况下，将"空"与"有"有机地结合在一起，运用更高层面的法则来主宰自己的人生，做到自在愉悦、游刃有余地活在世间，却不属于它。拥有如此生活的人，是否会微笑着将张潮的话改为"蝴蝶梦为庄周，蝴蝶之大幸也"呢？毕竟我们来到这个世界并不是因为受惩而被贬出伊甸园。在这个有形世界中，对于生命那种"可触摸"、活生生、真切切的感受，那种透彻实在、畅快淋漓的体悟是弥足珍贵、无与伦比的，毕竟人身难得。

第七章

The Book of Secrets

一切万物中的
一切万有

一切万物皆存在于一切万有之中，同样真实的是，一切万有也存在于一切万物之中。真正了悟这一真理的人，拥有大智。

——凯巴林

# 第七章　一切万物中的一切万有

许多人时常听到这样的说法，即他们的神（还有其他各种各样的称呼）是"一切中的一切"，可是，他们很少去探询这一隐藏于外在无心话语之下的内在秘奥真理。这一常用说法是上面引用的古代赫尔墨斯格言的遗留产物。正如凯巴林所说："真正了悟这一真理的人，拥有大智。"既然如此，让我们来一起探寻这一真理吧，对它的理解是如此重要！这一对真相的阐述——这一赫尔墨斯格言——中蕴含着一个伟大的哲学、科学及宗教真理，且是最伟大的真理之一。

我们已经讲过关于宇宙之心智本质的赫尔墨斯教导，亦即"宇宙是心智的，存在于一切万有的心智之中"，正如上面凯巴林所言"一切万物皆存在于一切万有之中"。不过，也请注意其接下来的论述："同样真实的是，一切万有也存在于一切万物之中"。这貌似自相矛盾的论点在悖论法则（Law of Paradox）下是可以调和的。不仅如此，它还是赫尔墨斯关于一切万有与其心智宇宙之间的关系的精确论述。我们已经了解"一切万物皆在一切万有之中"，现在，让我们一起来检视这一论题的另一个面向。

赫尔墨斯教导是说，一切万有随时随地都存在于（自始至终、与生俱来、持续不息地存在于）它所创造的宇宙之中，存在于宇宙的每一个组成部分，每一个粒子，每一个单元，或者每一个组合体之中。传授赫尔墨斯哲理的老师们通常运用对应原理来举例说明这一观点。他们引导学生构思某一心智图像——一个人、一个意念、某一心智形相。他们最喜欢举的例子是，作家或剧作家构思笔下的人物，画家或雕塑家构思自己想通过艺术来表达的理想形象。透过上述例子，学生会发现，尽管这些构思仅仅存在于脑海之中，然而，在某种意义上，无论是学生、作家、剧作家、画家还是雕塑家，都内驻于、居留在、常住于这些心智图像之中。换言之，蕴含于这些心智图像中的品质、生命与精神皆源自于构思者的"内驻心智"。请好好思考一下，直到你领悟这一点为止。

举一个现代的例子。比如说，奥赛罗、埃古、哈姆雷特、李尔王以及理查三世，在构思或创造期间，他们都仅仅存在于莎士比亚的心智之中。然而，莎士比亚也存在于上述每个角色之中，赋予他们活力、精神与行动。那么，米考伯、奥利弗·特维斯特与乌利亚·希普等人物的精神又是谁的呢？是狄更斯的？抑或每个角色都有独立于其创造者的个人精神？此外，美第奇的维纳斯（the Venus of Medici）、西斯廷圣母（the Sistine Madonna）、贝尔维德

## 第七章 一切万物中的一切万有

尔的阿波罗（the Apollo Belvidere）是否拥有自己独立的精神与真实性，还是仅仅代表其创造者的精神与心智力量？悖论法则认为，从适当的视角看，两种主张都是正确的。麦克白既是麦克白，也是狄更斯。不过，虽然可以说麦克白是狄更斯，而狄更斯却不等同于麦克白。人，就像麦克白，可以大声宣称："我之创造者的精神就在我之内——但我不是他！"这与一些小智小慧之人所宣扬的、令人瞠目的半真理绝不可同日而语！这些人四处嘶声呐喊："我是上帝！"想象一下，可怜的麦克白或鬼祟的乌利亚·希普振臂高呼："我是狄更斯！"或者莎士比亚剧作中一些卑微的呆子眉飞色舞地宣称："我是莎士比亚！"这会是怎样的情景！同样，一切万有也存在于蚯蚓之内，但蚯蚓距离"我是一切万有"实在是太遥远了。即便如此，神奇犹在：尽管蚯蚓只是一种较低的生命形式，受造于一切万有，存在于一切万有的心智之中；然而，一切万有也时时刻刻地存在于蚯蚓之中，存在于构成蚯蚓的粒子之中。还有什么能比"一切万物皆存在于一切万有之中，一切万有也存在一切万物之中"更为不可思议的呢？

当然，学生们会认识到，上述说明必定是不完善与不充分的。因为它们仅仅代表了有限心智所创造的心智图像，而宇宙却是无限心智所创造的——这两个极点之间的不同将它们分隔开来。然而，它们只是程度不同而已，起作用的是同一个原理，对应原理同样彰显于二者，"其下如其上，其上如其下。"

人们对于内驻于自身的"内在精神"（Indwelling Spirit）的认知程度各不相同，随着该认知程度的提高，其灵性层次也随之提高。这就是灵性成长的内涵：认识、认知与彰显自己的内在精神。请记住我们刚刚对"灵性成长"所下的定义。它蕴含了真正的宗教所阐述的真理。

宇宙中存在着众多的生命层面，众多的生命子层面，以及众多的存在等级。这一切都取决于一个生命体在生命阶梯上的发展程度。等级最低的是最粗重的物质，等级最高的与一切万有的精神只有一线之隔。一切万物都沿着生命阶梯向上、向前发展，都走在通往一切万有的道途上。所有的发展进程都是"归家之路"。尽管在表象上各不相同，但一切的一切都在向上、向前发展。这是开悟者带给人们的讯息。

关于宇宙的心智创造过程，赫尔墨斯教导是这样的：在创造周期的初始，一切万有，在其"存在之面向"（aspect of Being）上，将自己的意志投射到其"成为之

## 第七章　一切万物中的一切万有

面向"（aspect of Becoming）上，开启了创造的过程。教导说，这一过程是一个不断降低频率的过程，从高到低，直至抵达一个频率极低的能量层面，彰显出最粗重的物质形式。这一过程称为"涉入阶段"（the stage of Involution）。这一阶段中，一切万有"涉入"或者说"被裹入"自己的创造之中。赫尔墨斯主义者认为，这一过程与艺术家、作家或发明家的心智创造过程颇为一致，他们往往如此深陷于自己的心智创造之中，甚至几乎忘记了自己的存在；有时，他们几乎完全"生活在自己所创造的世界中"。或许，用"全神贯注"来取代"裹入"这个词，能够更好地表达这个意思。

这一创造的"涉入阶段"有时也被称为神圣能量的"涌溢"（Outpouring），正如进化状态被称为"纳入"（Indrawing）一样。创造过程的端点被认为是距离一切万有最远的，而进化阶段的起点则被看作是律动的摆锤开始回荡之处——这一"归家"的概念贯穿于所有的赫尔墨斯教导中。

赫尔墨斯教导说，在"涌溢"过程中，振动频率变得越来越低，直到驱策力最终休止，然后回摆开始。不过，不同之处在于，在"涌溢"阶段，创造力作为一个整体集体运作,而进化或者说"纳入"阶段开始后,个体化法则(Law of Individualization)——分化成众多"力之单元"的倾向——开始起作用。从而,当初离开一切万有的整体能量——尚未个体化的能量——最终能够以无数个高度进化的"生命单元"的形式重返源头。这些无以计数的"生命单元"通过在物质层面、心智层面与精神层面上的进化,不断地提高自己在生命阶梯上所处的位置,直至回归一切万有。

古代赫尔墨斯主义者使用"Meditation"(冥想)这个词来描述一切万有在其心智中创造心智宇宙的过程。"Contemplation"(凝视、冥想)这个词也经常被用到。不过,他们试图表达的似乎是"神圣关注力"(Divine Attention)的运用。"关注"(Attention)这个词源自拉丁语,本意是"伸出"或"伸展",因此,"关注"的行为其实是心智能量的"伸出"与"延伸"。那么,了解了"关注"这个词的真正含义,古代赫尔墨斯主义者所试图表达的意思就不难理解了。

关于进化过程,赫尔墨斯教导是这样的:一切万有对创造的初始进行冥想,并由此奠定了宇宙的物质基础——它运用心智力创造了宇宙;然后它渐渐醒来,或者说走出

## 第七章　一切万物中的一切万有

冥想状态，并由此开启了进化的过程，在物质、心智以及精神层面上，持续且有序地进化着。从而，这一向上的发展开始了，一切都开始朝向精神层面发展。物质变得日渐精细，"单元"开始出现，并构成组合体。生命开始形成，彰显为越来越高的形式。而且，心智越来越显见——振动频率越来越高。简言之，整个进化过程——包括其所有的阶段——逐渐拉开序幕，并根据既定的"纳入法则"（Laws of the Indrawing）进展。这一过程历时漫长，用人类的时间观念看，是无以计数的亿亿万万年。然而，开悟者告诉我们说，宇宙的整个创造过程——包括涉入与进化阶段——对于一切万有来说只不过"如眨眼一般"。当无数个循环周期——每个周期都历时亿亿万万年——最终结束之时，一切万有收回其"关注"——它的"凝视"与"冥想"，因为这一伟大的工作业已完成。此时，一切的一切皆回归它们的源头——一切万有。然而，奥秘中的奥秘是，每个灵魂的本质精神并不会消灭，而是无限地扩展，创造者与被创造者合而为一。开悟者如是说。

当然，上述一切万有的"冥想"以及接下来的"从冥想中醒来"，这只不过是老师们用有限的例子来描述无限的过程的尝试。尽管如此，"其上如其下"，只是程度或等级不同而已。此外，正如一切万有从它对宇宙的冥想中醒过来一样，人类（迟早）会终止在物质层面上的彰显，逐步回归"内在精神"，亦即"神圣自我"（The Divine Ego）。

本章中，我们还想说明一个问题。它比较接近形而上的思考领域，不过，我们的目的则是让人们看到诸如此类的思考是多么的无意义。我们指的是任何寻求真理的思考者都会想到的一个问题，亦即，一切万有为什么要创造宇宙？人们就此的提问形式可能多种多样，但本质上都能归结为上述问题。

自古以来，人们一直努力地回答这个问题，不过迄今为止还不存在任何有价值的答案。有些人臆想一切万有会从中获得什么，这实在是荒谬，一切万有已经拥有一切，还能再获得什么"它所没有的"呢？另一些人在"一切万有希望能有爱的对象"的方向上寻找答案；还有一些人则认为一切万有创造宇宙是为了娱乐或消遣，因为它孤独，或是为了展示其力量。这些都是幼稚的诠释与想法，属于思想的儿童期。

此外，还有一些人试图通过一切万有"被迫"创造的假设来解释这一奥秘，他们说创造是一切万有的"内在本

## 第七章 一切万物中的一切万有

性",它具有"创造的本能"。这个想法相对来说比较领先,不过其弱点在于,它认为一切万有竟会"受迫于"某些内在或外在的因素。问题是,如果一切万有的"内在本性"或"创造本能"能够迫使它去做什么的话,那么这个"内在本性"或"创造本能"就是"绝对且至高无上的",而非一切万有。从这一点看,这一部分推断是失败的。然而,一切万有确实创造与彰显,而且也似乎在这一过程中获得了某种满足。因此,我们很难避开一个结论,亦即,在某种无限的程度上,它确实拥有与人类那种"内在本性"或"创造本能"相类似的无限的渴望与意愿。除非它有行动的意愿,否则他不会行动;除非它有行动的渴望,否则它不会有行动的意愿;除非它能够从中获得某种满足,否则它不会有行动的渴望。这一切都隶属于"内在本性"。根据对应原理,确实可以推断说,这一"内在本性"是存在的。尽管如此,我们依然倾向于认为一切万有完全独立于任何影响,无论内在影响还是外在影响都如此。也因此,这一问题极难解答,而且难在根本之处。

严格地说,没有任何理由促使一切万有行动,因为"理由"隐含有"因",而一切万有是超越因果的。只有当它想成为"因"的时候,因果原理才开始运作。因此,你看,这个问题是不能思考的，正如一切万有是不可知的一样。就像我们说一切万有就是"存在着"，我们也只能说"一切万有行动是因为它行动"。最终，一切万有本身就是所有的理由，所有的法则，以及所有的行动。其实，我们可以说，一切万有是它自己的理由，是它自己的法则，是它自己的行动。再进一步说，一切万有，它的理由，它的行动与它的法则是同一的，是描述同一事物的不同名称。

我们——正在给你们上这一课的人——认为，答案深藏于一切万有的"内我"之中，和它存在的奥秘锁在一起。对应原理只是涉及了一切万有的一个面向，我们称之为"成为之面向"。除此以外，一切万有还有另一个面向，亦即"存在之面向"。在其中，所有的法则都消失在"终极法则"之中，所有的原理都融合成"终极原理"，而一切万有就是这终极原理，就是"存在"，三者是等同的，是同一事物，别无二致。因此，形而上学关于这一点的思考是毫无意义的。我们在这里之所以提及这一问题，只是为了表明我们认识到了这一问题，并同时指明形而上学与神学对于这个问题的惯常解答是多么的荒谬。

最后，还有一件我们的学生可能感兴趣的事。尽管一些古代与现代的赫尔墨斯导师比较倾向于运用对应原理来

## 第七章　一切万物中的一切万有

探询这一问题,并得出"内在本性"的结论,而根据传说,当伟大的赫尔墨斯的资深学生向他提出这一问题时,他紧闭双唇一言不发,意思是,这个问题根本就没有答案。不过,也许他当时想运用赫尔墨斯哲学中的一个格言"智慧之唇只对那些有耳能听的人开启",就是说,即使那些最资深的学生也没有达到必要的领悟程度,尚没有资格聆听关于这一问题的教诲。无论如何,即使赫尔墨斯知晓这一奥秘,他也未能将其传授给世人。对于这个世界而言,赫尔墨斯在这个问题上双唇紧闭。连伟大的赫尔墨斯都三缄其口的问题,哪个凡夫俗子敢于传授呢?

但是,要记住,如果这个问题真有答案的话,无论答案是怎样的,真理都依然是:"一切万物皆存在于一切万有之中,同样真实的是,一切万有也存在于一切万物之中。"在这一点上,赫尔墨斯教导非常明确。当然,也别忘了接下来的话:"真正了悟这一真理的人,拥有大智。"

### 译者注
### 太阳的中心

关于宇宙的起源,许多思想体系都以自己独特的措辞进行过描述。佛教的缘起论、周易的无极说、老子的"道生万物"、基督教与伊斯兰教各自的创世纪、盘古开天以及埃及的创世者等等，五光十色，异彩纷呈。科学上则有"大爆炸"的说法，就是说宇宙源自于一个温度极高、密度极大的奇点。因着某种原因，发生了大爆炸，物质四散而出，宇宙不断膨胀，经历了从热到冷的演化过程，也逐渐形成了星球、星系以及生命。当然，这并非唯一的科学假设，除此以外还有其他的理论。比如塌缩理论，它认为一颗四维恒星塌缩为一个黑洞时，其喷射的残骸形成了我们的宇宙。

赫尔墨斯教导认为宇宙是一切万有的心智创造。这一过程与剧作家创作剧本的过程相似（虽然一个是无限永恒的心智，一个是有限短暂的心智），一个个剧本中的世界从剧作家的心智中浮出。而这些剧本中的世界对于剧中角色而言，却是活生生的、真实存在的、不折不扣的，是他们独一无二的世界。他们在剧作家所创造的戏剧世界中哭得实在，笑得开怀。比如罗密欧与朱丽叶，他们在莎士比亚所创造的世界中，发自内心深处地相爱。为爱而笑，为爱而泣，为爱而痛得死去活来，直至为爱殉情。对他们来说，他们的每一刻都是真实的。他们全然沉醉于自己的世

## 第七章　一切万物中的一切万有

界之中，或许从未想过他们的世界之外，还有无数个其他的世界，还有哈姆雷特的世界、麦克白的世界，甚至白雪公主的世界、林黛玉的世界……或许他们更没有想过，他们其实只是活在莎士比亚的心智中，活在读者、听众以及观众的心智中。

从另一个角度看，在罗密欧与朱丽叶身上，在他们所生活的世界中，莎士比亚的精神无处不在，是他赋予了罗密欧与朱丽叶以灵魂，赋予了罗密欧与朱丽叶的世界以活力。不难想象，如果狄更斯或马克·吐温去创作罗密欧与朱丽叶的话，这对情侣的性格与命运或许会是截然不同的，因为他们所承继的将是狄更斯或马克·吐温的精神。

同理，作为一切万有的受造物，我们也承继有一切万有的特性。假如一切万有是光芒万丈的太阳的话，我们这个物质世界便是太阳能量涌溢的端点，处于太阳光线的末端。尽管如此，我们依然属于太阳这个能量体，存在于太阳的能量氛围中，是太阳的一部分；除此以外，太阳能量无时不在，无处不在，自始至终地存在于我们之中，充满了我们的每一个细胞，承载着我们的每一次呼吸，自内而外地带给我们温暖与活力。

和一切万有一样，我们都有两个面向，"存在之面向"与"成为之面向"。从某种意义上讲,所谓"存在之面向"就是我们的内在本性,我们那与生俱来的真实本质,那本自具足的"内我",或者说我们的内在精神。"成为之面向"则是我们的地球人格。这个地球人格,活生生的人,经历着人世间的颠簸起伏,体验着世间的喜怒哀乐等情绪,通过体验来学习,来成长,来创造,来"成为";或跌跌撞撞或轻松自在地走在回归源头、通往"太阳中心"的道途上,亦即所谓的"归家"。

尽管一切万有无法形容,难以想象,甚至超出了人类大脑思维所能理解的范畴,但它存在于一切万物之中,自然也居于我们每个人之内,就像太阳能量存在于每一道太阳光线一样。无论我们是否认识到自己的内在精神,是否看到自己的真实本质,它都在那里。但能否认知"真正的自己",对我们自己来说却是至关重要的。许多尚未认知自己的真实本性,与内在的真我失去连接,偏离了自己的内在中心的人,常常会感受到恐惧,缺乏安全感,内心的困惑与不安时时探出头来,如毒蛇的红信子,无论他们于表象上过得如何光鲜亮丽,如何春风得意,都是如此。他们常常自问:"不久或遥远的将来会发生什么?将会出现哪些问题?我该如何在这个不尽人意、恐惧与威胁无处不

## 第七章 一切万物中的一切万有

在的社会中创造未来?"并因为根本无法找到能让自己安心的答案而感到恐慌与绝望,心中萦绕着挥之不去的无力感。

可以说,一个人对恐惧的看法与态度决定了一切。恐惧这种情绪很容易转化成自我否定等负面的想法,会使人阻止并压抑自己,或以激烈的言行来掩饰与抗拒恐惧。一贯阻止与压抑自己的人,迟早会出现心理、情绪、身体上的"不适"。他们不断地贬低自己,不断自责,对自己、对他人、对周遭环境与社会,甚至对人生持负面的态度。这种负面的态度又吸引了更多的"不幸"与"不如意",继而,这些"不幸"与"不如意"又进一步滋养了既有的恐惧。如此这般,就形成了一种难以从中抽离的恶性循环,他们也陷入被恐惧主宰的境地,成为恐惧的奴仆。

而能够认知自身的真正本性,与内在精神保持连接的人,比如那些赫尔墨斯大师们,也许他们并非没有恐惧,但他们不会将自己等同于恐惧,也不会用庞杂的想法与念头来滋育恐惧,因为他们知道自己是一切万有的一部分,知道自己安全地漂游在一切万有那辽阔的爱之海洋上,知道一切万有无时不在、无处不在地承载着他们,知道自己是受眷顾的。纵使偶有恐惧来袭,他们也会将恐惧看作是对自己的呼唤，以唤醒自己那强大、充满爱与理解的"内我"，那个真正的自己。这些面对并超越恐惧的时刻所导致的"果"是，恐惧逐渐让位给信任，让位给勇气、活力与喜悦。他们内心充满了安宁与祥和，带着全然的信任与安全感，以及臣服的态度，面对出现在自己生活中的一切。他们知道，只要他们回归中心，保持与内在的连接，就没有任何外在的事物与力量能够掌控他们，或使他们偏离自己心中的目标。处于这种状态的人，能够清楚地辨明什么是自己真正想要的，什么能够为自己带来喜悦；并能够对那些并不适合自己的事情，对自己希望远离的事情坚决地说"不"。他们不会为过去而悲叹，也不会担心未来，只是怡然地安住于当下。而未来自会从他们的心灵、他们的内在精神中升起，自然而然且毫不费力地绽放、彰显于他们的人生中。他们需要做的，只是活在当下，踏踏实实地做事。不仅如此，他们那宁静安详的能量会自内而外地流露、展现出来，就像太阳自会发光一样。而他们周围的人也会看到、感受到他们那种宁静与喜悦的能量，也希望能够像他们一样……

既然能否洞悉"一切万物皆存在于一切万有之中，一切万有也存在于一切万物之中"这一真理具有如此迥异

# 第七章　一切万物中的一切万有

的效果——上述的不同仅仅是其中的一个例子，那么"真正了悟这一真理的人，拥有大智"这句话，也就不难理解了。

恐惧与不安全感是众多负面情绪——以及它们的"果"——的根基。那么，深知亘古永恒、至高无上的一切万有自始至终都在我们之内，并因此而带着信任与安全感行走在人生的旅途上，以自己所了解的心智原理为翼，飞翔在这个基于心智的世界中，这又是怎样的一种感受呢？

第八章

对应原理

The Book of Secrets

其下如其上,其上如其下。

———凯巴林

# 第八章　对应原理

第二个伟大的赫尔墨斯原理所蕴含的真理是：各个彰显层面之间，各个生命与存在的层面之间，是和谐一致、互相对应的。这个真理之所以是真理，是因为这个宇宙本就是万物同源，同样的法则、原理与特性运作于每一个基本单元，或者单元组合体上，并在各自的层面上彰显出各自的现象。

为了便于思考与学习，赫尔墨斯哲学将宇宙分为三大现象等级，亦即三大层面，它们分别是：

1. 大物质层面
2. 大心智层面
3. 大精神层面

这一区分或多或少是人为且主观的，因为，事实上，这三个层面只是伟大生命阶梯次第渐升的等级。阶梯最低点是最原始的物质，最高点则是精神。此外，各个层面之间相互渗透，因此，我们无法严格、快速地将大物质层面上较高的现象与大心智层面上较低的现象，或者大心智层面上较高的现象与大精神层面上较低的现象区分开来。

简言之，我们可以将这三个层面看作是生命彰显的三大等级。尽管我们这本书的目的并非详尽地探讨或者解释这三个不同的层面，但我们还是对此做一个大概的描述为好。

首先，我们也先谈一下初学者们经常提出的一个问题，他们渴望了解"层面"（plane）这个词的含义。近年来，在各种关于神秘学的著作中，人们经常随意地使用"层面"这个词，但对这个词的解释却不尽如人意。问题大致如下："层面是一个具有维度（dimension）的地方吗？抑或仅仅是一种状态？"我们的回答是："既非某个地方，亦非普通意义上的维度空间。此外，它并不仅仅是一种状态。我们可以将其看作是一种状态，不过状态是一种维度等级，是可以度量的一个程度。"这听上去是不是有些自相矛盾？让我们来仔细检视一下这个问题。你们知道，"维度"具有"线性的度量，与度量有关的"等的含义。普通意义上的空间维度是指长度、宽度与高度，或者长度、宽度、高度、厚度与周长。然而，在神秘主义者眼中，对于"受造物"或"线性的度量"而言，还存在着另一个维度。科学家们也看到了这一点，只是尚未使用"维度"这个词。这一新的维度——亦即人们猜想已久的"第四维度"——便是划分等级或"层面"的标准。

我们可以将这个"第四维度"称为"振动维度"。现代科学已相当熟悉这一事实，赫尔墨斯主义者亦如此，赫

## 第八章　对应原理

尔墨斯第三原理所蕴含的正是这个真理。亦即，"一切的一切都处于运动之中；一切的一切都在振动；没有任何事物是静止不动的"。从最高的彰显形式到最低的彰显形式，一切万物都在振动。不仅振动的频率不同，振动的方向与方式也不同。振动频率的等级构成了"振动阶梯"（Scale of Vibrations）的度量等级，亦即第四维度的等级。这些等级形成了神秘主义者所谓的"层面"。振动频率越高，层面越高，彰显于该层面上的生命形式也越高。因此，尽管"层面"既不是一个"地方"，也不是仅仅是一种"状态"，但它具有二者的特性。下一章论及赫尔墨斯振动原理时，我们会进一步讨论这一"振动阶梯"。

请记住，上述三大层面并不是对宇宙现象的实际划分，而是赫尔墨斯主义者为了便于思考与研究——思考与研究宇宙中各种生命与活动的不同等级与形式——所进行的人为划分。物质的原子、力之单元、人类的心智以及基督教天使长（archangel）的存在状态等等，都只不过是同一生命阶梯的不同等级，它们在本质上都是完全相同的，仅在等级与振动频率上有所不同。一切的一切都是一切万有的创造，都完全存在于一切万有的无限心智之中。

赫尔墨斯主义者将这三大层面分别划分成七个亚层面，并进一步将每一个亚层面划分成七个子层面，这些划分都是人为的，各个层面互相渗透。这样做只是为了便于进行科学研究与思考。

大物质层面及其七个亚层面涵括了一切与物理现象，或者说与物质事物、力量及显化有关的宇宙现象。它不仅包含了我们称为物质的所有形式，也包含了我们称为能量与力的所有形式。不过，请谨记，赫尔墨斯哲学并不认为物质本身是"物"，也不认为它在一切万有的心智中有其独立的存在。赫尔墨斯教导说，物质只不过是一种能量形式，是振动频率较低的一种能量形式。赫尔墨斯主义者将物质归类于能量，并将大物质层面的七个亚层面之中的三个赋予了物质。

大物质层面的七个亚层面如下：

1. 物质层A，
2. 物质层B，
3. 物质层C，
4. 以太实质层，
5. 能量层A，
6. 能量层B，

## 第八章 对应原理

7. 能量层C。

物质层A涵括物理教科书中所讲的固体、液体与气体等物质形式。物质层B包含比物质层A更高等、更精微的物质形式，现代科学已经开始认知此亚层面中频率较低的部分，比如处于辐射期的辐射物等等。物质层C涵括了最精微、最稀薄的物质形式，一般的科学家对于它们的存在尚一无所知。以太实质层包含科学上所说的"以太"，一种极其稀薄、富于弹性的物质，它充斥着整个宇宙，在诸如光、热与电等能量波的传播中扮演着介质的角色。以太实质在物质（人们所谓的物质）与能量之间发挥着承上启下的作用，兼具二者的特性。根据赫尔墨斯教导，这一亚层面具有七个子层面（所有七个亚层面都如此）。就是说，事实上，一共有七类——而非一种——以太实质。

以太实质层之上是能量层A。它包含科学所知的普通能量形式。此亚层面的七个子层面分别为：热、光、磁、电、引力（包括万有引力、内聚力、化学亲合力等）以及其他数种已在科学实验中被发现但尚未命名与归类的能量形式。能量层B含有能量形式更高的七个子层面，迄今为止，科学尚未认知它们的存在。有人称其为"自然界更精微的力量"[1]。在彰显某些心智现象时，人们会呼唤这些"更精微的力量"。在它们的作用下，这些心智现象才成为可能。能量层C由七个子层面构成，其能量高度组织化，具有许多"生命"的特征。它尚未被处于普通发展层面的人类所认知，只有那些处于精神层面的存有们才能够利用这一层面的能量。对于普通人而言，这一层面的能量是不可思议的，几乎可以被看作是"神圣力量"。掌握这一能量的存有们，即使与我们人类中最杰出的个体相比，也可以算作是"神"了。

大心智层面所包含的，除了我们在日常生活中所了解的生命形式外，还有那些只有神秘主义者才知道的生命形式。可以说，它的七个亚层面的划分算是比较合适与随意的（除非对此进行详尽的解释，不过这样做的话就偏离了本书的主题）。我们在此只是略微地提一下。七个亚层面分别是：

1. 矿物心智层，
2. 元素心智层A，
3. 植物心智层，

---

[1] Nature's Finer Forces，可能引自Rama Prasad所著的《Nature's Finer Forces》一书，1894年出版。——译者注

# 第八章 对应原理

4. 元素心智层B，

5. 动物心智层，

6. 元素心智层C，

7. 人类心智层。

矿物心智层涵括"单元（unit）"或"存有（entity）"以及这些单元所形成的组合体所处的"状态"，它们赋予我们所熟知的"矿物"、"化学物质"等存在形式以生命。请一定不要将这些存有与分子、原子、粒子等混淆在一起，后者只不过是它们的"身体"或"形相"而已，正如一个人的身体只不过是其物质形相，并不等同于这个人一样。在某种意义上，可以将这些存有称为"灵魂"，它们是处于较低发展阶段、较低生命与心智阶段的生命体，仅略高于大物质层面上等级最高的"生命能量"。一般凡人不认为矿物拥有心智、灵魂或生命，而神秘主义者却恰恰相反，他们认为矿物也具有心智、灵魂或生命。在这一点上，现代科学也正在快速地向赫尔墨斯主义者的观点发展。分子、原子与粒子都有自己的"爱与恨"、"喜好与憎恶"、"吸引与排斥"以及"亲近与不亲近"等，而且现代科学界还有更大胆的看法，认为原子也具有渴望、意愿、情绪以及感受，只不过在程度上与人类不同而已。关于这一点，我们在此就不再赘述。在所有神秘主义者心中，这是一个不争的事实。至于其他那些需要外在证据的人，请参见最近的科学文献。同样，这一亚层面也拥有七个子层面。

元素心智层A涵括了一些不为凡人所知的存有的"状态"，以及心智与生命发展等级，普通人对它们一无所知，但神秘主义者则对此有所了解。处于这一层面的存有对于普通人的感官而言是不可见的。然而，它们确实存在，并在宏大的宇宙戏剧中扮演着自己的角色。它们的智能介于化学物及矿物界的存有和植物界的存有之间。这一亚层面也具有七个子层面。

植物心智层也分为七个子层面，它涵括构成植物界的存有的状态。这些存有的生命与心智现象对于智力一般的人而言，是相当容易理解的。过去的十年中，关于"植物的心智与生命"这一主题的科研著作也如雨后春笋般涌现出来。正如动物、人类与超人类一样，植物也拥有生命、心智与"灵魂"。

元素心智层B及其七个子层面涵括更高形式的"元素存有"或者说"不可见存有"的状态。它们在宇宙中扮演着自己独特的角色。其心智与生命等级介于植物心智层与

# 第八章 对应原理

动物心智层之间，兼具二者的特性。

动物心智层及其七个子层面涵括了一些存有、生命体与灵魂的状态，它们为我们所熟知的各种动物赋予了生命与活力。此处无须深入探讨这一生命领域或生命层面，因为我们对动物界的了解并不亚于我们对人类自身的了解。

元素心智层C及其七个子层面所包含的生命体或存有与其他所有的"元素存有"一样，是不可见的。它们兼具动物和人类的特性，不过组合比例各不相同。它们之中发展程度最高的个体具有"半人类"的智能。

人类心智层及其七个子层面，涵括的是人类生命与心智在不同等级、程度与层面上的显化。就这一点，我们想指明一个事实，亦即，当今的普通人仅仅处于人类心智层的第四个子层面，只有那些智能最高的人跨入了第五子层面。人类历经几百万年的时间才达到这一程度，进入第六及第七子层面——甚至更高的层面——则需要更长的时间。不过，请记住，在我们之前已经有人类经历了这些发展阶段，进入了更高的层面。我们是踏上这一道途的第五代人类（此外还有一些第四代人类的落伍者）。我们这一代人类之中也有一些高级的灵魂，他们远远超前于大众，进入了第六及第七子层面，甚至有极少数人还要更加超前。处于第六子层面的人可被称为"超人"（The Super-Man），处于第七子层面的则为"至圣之人"（The Over-Man）。

讨论大心智层面的七个亚层面时，我们对三个元素心智层只是泛泛地一带而过。我们不想对此进行详细的探讨，因为它们并不属于我们正在讨论的这部分哲学思想与教导。我们只是对它们简单地介绍一下，以使你们能够略为清楚地了解它们与你们较熟悉的层面之间的关系。这些元素层面与矿物心智层、植物心智层以及人类心智层之间的关系，就像钢琴键盘上黑色琴键与白色琴键之间的关系一样。如果仅为演奏之需，白色的琴键足矣。然而，黑色琴键在某些音阶、旋律及和弦的演奏中扮演着自己特定的角色，它们的存在是不可或缺的。作为"灵魂状态"或者说"存有状态"的"连接环节"，元素心智层也是不可或缺的，在其他各个层面以及某些生命发展形式之间起着承上启下的作用。这句话中所蕴含的事实，会给那些能够领悟言外之意的读者带来一丝启迪，助他们了解进化的过程，并赋予他们一把崭新的钥匙，开启王国之间"生命飞跃"的秘密之门。所有的神秘主义者都了解与承认元素王国的存在，对它们的描述在各种神秘著作中随处可见。如

## 第八章 对应原理

果你读过布尔沃-利顿[1]所著的《扎诺尼》[2]或者一些与之类似的故事,就会对居于这些生命层面的存有有一定的了解。

讨论过大心智层面,接下来就是大精神层面。就此我们能说些什么呢?对于那些连人类心智层的较高子层面都无法理解的人,我们如何才能向他们解释那些更高的存在、生命或心智状态呢?这是根本不可能的。对此,我们只能笼统地概述一下。如何向先天失明的人描述光?如何向从未尝过甜味的人解释糖?又如何向先天失聪的人解释和弦呢?

我们所能说的只是,大精神层面的七个亚层面(每个亚层面都有七个子层面)所涵括的存有,无论在生命、心智还是形相上都远高于今天的人类,就像人类远高于蚯蚓、矿物以及其他一些能量或物质形式一样。这些存有的生命远远超过了我们,我们甚至无法去想象任何有关他们的具体细节。他们的心智也远在我们之上,对他们而言,我们的思维活动根本称不上"思考",我们的心智过程几

---

[1] Bulwer-Lytton,19世纪英国著名文学家。——译者注
[2] *Zanoni*,1842年出版,描述的是一个玄秘力量在其中扮演着重要角色的爱情故事。——译者注

乎无异于"物质过程"。此外,构成他们形相的物质也都是物质层面中最高级的,不仅如此,据说有些存有甚至是"裹在纯能量之中"。我们又该如何形容他们呢?

大精神层面的七个亚层面上生活着我们称为天使、天使长以及"半神半人"的存有。在其较低的亚层面上,居住着被我们称为"大师"及"巨匠"的伟大灵魂。他们之上是等级各异的天使一族,这对人类来说是不可想象的。天使之上是被人类尊称为"神祇"的存在。他们在生命阶梯上处于极高的等级,他们的存在、智能以及力量都可以与人类心目中的"神"相提并论。这些存有远远超出人类想象的上限,"神圣"是唯一能够形容他们的词汇。他们之中的许多存有,以及天使一族,都很关注宇宙事宜,并在其中扮演着重要的角色。在进化过程以及宇宙进程中,这些不可见的神祇以及佑护天使们自由且有力地施展着自己的影响。正因为他们对人类事务的偶尔介入与佑助,自古至今才出现了各种各样的传说、信仰、宗教以及传统。他们一次次地将自己的知识与力量带给这个世界。当然,他们的行为都是符合一切万有的法则的。

然而,即使这些高等存有中级别最高的,也只不过是一切万有的心智创造,存在于一切万有的心智之中,遵循

## 第八章　对应原理

宇宙进程与宇宙法则。他们并不是永恒不朽的。如果我们愿意的话，我们依然可以称其为"神祇"，尽管如此，他们只是人类的兄长而已，是远超前于自己同胞的高级灵魂。为了帮助人类在提升的道途上前行，他们舍弃了被一切万有"纳入"的极乐。然而，他们依然属于宇宙，遵从宇宙法则——他们并非永恒不朽的，他们所处的层面仅次于"绝对精神"（Absolute Spirit）所处的层面。

只有修为最高的赫尔墨斯主义者才能领会关于"大精神层面的存在状态及力量"的内在教导。这一层面的现象远高于大心智层面上的现象，因此，任何试图对其进行描述的尝试都势必会导致观念上的迷惑。只有那些长期接受赫尔墨斯哲学训练的人——是的，那些携有前世所获知识的人——才能理解关于这些精神层面的教导。此外，绝大部分的内在教导都被赫尔墨斯主义者小心地守护着，因为它们太神圣，太重要，将它们广为传播的话甚至是危险的。当我们说赫尔墨斯主义者所谓的"精神"在意义上等同于"活生生的力量"、"鲜活的力量"、"内在本质"以及"生命本质"等，不能将其随意地混淆于人们赋予这个词的关联词——诸如"宗教上的"、"教会的"、"灵性的"、"超世俗的"以及"神圣的"等词汇，那些聪慧的学生是能够领会我们的意思的。在神秘主义者眼中，"精神"这个词具有"赋予生机的一方"的内涵，意指力量、生命能量以及神秘力量等。他们知道，"精神力量"可以被用在善的方面，也可以被用在恶的方面（极性原理）。许多宗教也都认识到这一点，这体现在它们诸如撒旦、魔王别西卜、魔鬼、路西法、堕落天使等概念上。因此，所有的隐秘共修会与神秘修习体系都将关于这些层面的知识作为"神圣中的神圣"精心保护起来——在神圣殿堂的密室中。此外，我们还想说的是，那些获得很高的精神力量并滥用该力量的人，悲惨的命运正在等待着他们。律动的摆锤将不可避免地将他们带回物质存在之极点。他们只有从此处开始，重新踏上通往精神层面的旅程，在充满荆棘的道途上跋涉。不仅如此，他们所受到的磨难更加深重。他们心中一直萦绕着那挥之不去的记忆，亦即，他们曾经抵达过某一高度，又因着自己的恶行而狠狠地跌落下来。关于堕落天使的传说并非凭空捏造，是有其事实根据的，所有资深的神秘主义者都知道这一点。在精神层面上，如果运用自身拥有的力量为己谋私，这些自私之人都会毫无例外地失去灵性平衡，跌回当初的起点。然而，即便是诸如此类的灵魂，也依然被赋予了"回归"的机会。

# 第八章 对应原理

不过，根据永恒不变的法则，他们在回归之路上需要付出可怕的代价。

作为总结，我们再一次提醒你们，根据对应原理所蕴含的真理"其下如其上，其上如其下"，所有七个赫尔墨斯原理都全然运作于上述所有的层面，包括物质、心智及精神层面。心智原理当然适用于所有的层面，因为一切的一切都存在于一切万有的心智之中。对应原理也在所有的层面运作，因为各个层面之间存在着对应、和谐与一致。振动原理运作于所有层面，事实上，如前所述，各个"层面"之间的不同正是因着振动频率的不同。极性原理运作于所有层面，两个极点在表面上是对立或相反的。律动原理运作于所有层面，一切宇宙现象都有其兴衰、涨落与进退。因果原理运作于每一个层面，有果必有因，有因必有果。性别原理运作于每一个层面，创造性的能量自始至终无处不在，因循阴阳两个面向运作。

"其下如其上，其上如其下"。这一历史悠久的赫尔墨斯格言所蕴含的真理，是关于宇宙现象的最伟大的真理之一。当我们在后续章节中探讨其他几个原理时，会更加清楚地看到这伟大的对应原理所具有的普适性。

## 译者注
### 天外有天

　　人们常用"天外有天"来形容"某一境界之外更有无穷无尽的境界"，那么，是否也可以从字面意思上来理解这个词呢？如果将"天"理解为"层面"的话，赫尔墨斯主义者对此的回答是肯定的。

　　佛教有三界二十八层天的说法；道教也有自己对天界层次的划分；基督教传说中，天界有不同的层次，天使也有不同的等级。再加上来自于不同种族、不同文化的各种传说，赫尔墨斯主义者并不孤单。

　　尽管科学尚无法"看到"或"观测到"三大层面中的部分亚层面，但并不能因此而下断论说它们并不存在。况且，科学也正在一步步地在这一探索方向上迈进。比如植物心智。若干年前（也许如今在某些人眼中依然如此），如果一个人宣称说植物有智能，那么他可能会被看作是疯子或怪人。然而，近年来，越来越多的科研人员开始关注这一领域，甚至出现了"植物神经生物学"这一引起众多关注（也包括争议）的全新学科，以试图理解植物如何感受或觉察周遭环境，且以一种整合的方式来"应对"外在

## 第八章 对应原理

刺激。他们对各种不同的植物进行了各种各样的实验,并得出结论说,植物并非"死气沉沉"的物体,相反,它们过着丰富且感性的生活。它们拥有感受的能力,将"感官数据"整合,并对此做出相应的反应。此外,它们还能够互相交流,会对相互之间发出的信号做出反应。它们甚至拥有"记忆"。这些研究结果似乎与赫尔墨斯教导所指明的方向颇为一致。正如本书前面章节所说,在漫长的探索道途上,科学正在逐渐地接近赫尔墨斯智慧所处的位置。

至于元素心智层,那些"元素精灵王国"的居民们对于一般人而言是不可见的。或许正是这个原因,那些喜悦盈心、童趣盎然、轻松自在,以爱与疗愈的能量守护地球的小仙子、小精灵与小矮人们只是活跃在童话故事中,活跃在各种传说中。

而居于大精神层面上的存有,比如天使、天使长以及宗教或传说中各种各样的"神祇",其存在状态对于一般人而言更是无法想象的。也因此,对此进行详细的讨论是没有意义的。不过,这并不妨碍人们在心中暗问:所谓的守护天使,是否就是这些精神存有呢?

无论如何,这些层面都是人们根据自己的推论人为划分的。任何人——包括那些睿智的人,尤其是那些睿智的人——都不敢拍着胸脯说："我敢说，我的划分是千真万确的事实！是毋庸置疑的真相！"也因此，是否相信或认同某一划分方式，只是仁者见仁智者见智而已。

值得强调的一点是，赫尔墨斯教导说，"振动频率"是划分这些层面的尺度。频率越高，所处的层面越高，在生命发展阶梯上的位置就越高；从物质到心智再到精神，一步步地趋近源头，与一切万有合一。这一发展与进化的过程是极其漫长的，我们短暂的人生与其相比，庄子名言"人生天地间，若白驹之过隙，忽然而已"真是毫不为过，甚至以"白驹过隙"来描述，还是毫不谦虚的了。更令人震撼的是，这漫长得超乎想象的过程，对于一切万有来说，却是眨眼的一瞬间，是"白驹过隙"——这还是极其谦虚的说法。

一切都是振动，物质、心智与精神都如此。那么，意识的提升便是振动频率的提升，而所谓天使的堕落，则是振动频率的不断降低。在频率阶梯上所处的位置越高，所能驾驭的力量就越强、越高、越大。我们眼中的那些"神"，他们只不过是所处的频率段较高，也因此能够驾驭各种"神力"，拥有所谓的"神通"，并能施展所谓的"神迹"。而对于频率低于人类的蚯蚓而言，在它们眼

# 第八章　对应原理

中，人类或许也是"神"吧。

至此，本书对于"心智宇宙"及"对应原理"的解释便告一段落。既然各大赫尔墨斯原理均适用于各个宇宙层面，那么，就不难理解，为什么那些赫尔墨斯大师们能够轻松自如地游走于不同的层面，运筹帷幄，借势发力，顺势而行。不仅如此，无论人生中有什么样的事情出现，只要能够借助赫尔墨斯智慧来洞察事物的本质，看到各个貌似不同的事件其实于本质上有着同样的规律，再根据对应原理来举一反三，积极冷静地寻求解决的办法，任何问题都会迎刃而解。毕竟世上没有办不成的事，只有不会办事的人。

爱因斯坦曾说，我们不能用制造问题时的思维来解决问题。赫尔墨斯思想正为我们提供了换个思维看问题的方法，以及运用更高层面的法则来克服较低层面的法则的工具。

第九章

**振动原理**

The Book of Secrets

没有任何事物是静止的。一切都在运动，一切都在振动。

——凯巴林

## 第九章 振动原理

第三个伟大的赫尔墨斯原理——振动原理——所蕴含的真理是，宇宙中的一切都是运动的，没有任何事物是静止的，一切都在运动、振动与转动。一些早期的希腊哲学家认识到了这一赫尔墨斯原理，并将其纳入自己的思想体系之中。可是，在其后的若干世纪中，除了赫尔墨斯主义者外，其他的思想家却失去了这一洞见。后来，十九世纪，物理学又重新揭示了这一真理，二十世纪的科学发现则为这一古老的赫尔墨斯教导提供了更多的证据，进一步证明了它的正确性与真实性。

赫尔墨斯教导说，不仅一切万物时时刻刻都处于运动与振动中，而且宇宙力量之各种彰显形式之间的差异完全是由于振动频率与振动模式的不同。不仅如此，甚至一切万有本身都彰显为一种恒常的振动，其振动强度与频率是如此之高，我们甚至可以将它看作是静止的。此处，我们请学生们留心这样一个事实：甚至在物质层面上，一个高速运动的物体（比如高速旋转的车轮）看起来都是静止的。赫尔墨斯教导旨在告诉人们，精神处于振动的一个极点，另一个极点便是极其粗糙的物质形式。这两个极点之间则是数以百万计、各不相同的振动频率与模式。

现代科学已证实，我们所谓的"物质"及"能量"其实都只是不同的"振动模式"。一些更前沿的科学研究也正在快速地接近神秘主义者的观点，他们认为心智现象也同样是一种振动模式。现在，让我们一起看一看科学是如何看待物质及能量的振动的。

首先，科学教导说，一切物质都在某种程度上表现出源于温度或者说热的振动。无论一个物体是冷还是热——冷热只不过是同一事物的不同等级而已，它都表现出一定程度的热振动。从这种意义上看，该物体处于运动与振动之中。此外，一切物质粒子都处于旋转运动之中，从粒子到恒星都如此。行星围绕恒星公转，而且它们大多也都围绕着自己的轴心自转。恒星围绕着一个更大的中心点转动。人们相信，这些更大的中心点则围绕着比它更大的中心点旋转，如此这般，以至无穷。组成各类物质的分子也一直处于振动与运动之中，相互环绕或碰撞。分子由原子组成，同样，原子也一直处于运动与振动之中。原子由更加微小、被称为"电子"等的粒子组成，它们也处于高速运动的状态，彼此环绕，彰显为速度极高的振动状态及模式。由此可知，一切物质形式都处于振动之中，这与赫尔墨斯振动原理是一致的。

各种形式的能量亦如此。科学教导说，光能、热能、

# 第九章　振动原理

磁能以及电能都只是振动的不同形式，都以某种方式与以太有着一定的关联，甚或是由以太发散而出。迄今为止，科学尚未解释内聚力——分子之间的相互吸引力——的本质，化学亲合力——原子之间的相互吸引力——亦然，此外还有万有引力。它是三者之中最神秘的，意指任何粒子或者说物体之间的相互吸引力，普遍存在于宇宙万物之间。确实，科学家们还无法解释这三种能量形式。不过，笔者倾向于认为，它们也是某些形式的振动能量的显化。多年来，赫尔墨斯主义者一直传授着对这一事实的认知。

　　宇宙中无处不在的以太，科学对此有所推测，不过却并不了解其本质。赫尔墨斯主义者认为，以太乃是被误称为物质的更高层次的显化，就是说，是振动等级更高的"物质"。他们称以太为"以太实质"。赫尔墨斯教导说，以太实质极其稀薄，又极富弹性，且充斥着整个宇宙，在诸如热、光、电、磁等能量波的传播中扮演着介质的角色。教导指出，以太实质在"物质"与"能量或力"这两种振动能量形式之间起着承上启下的作用，而且，它本身也彰显出一定程度的振动，无论在频率上还是模式上，都自成一家。

　　科学家们以高速旋转的车轮、陀螺及圆筒为例来描述振动频率不断提高所产生的效果。他们在描述中首先假定一个车轮、陀螺或者圆筒（以下统称为"客体"）正处于低速旋转状态。假设客体正在缓缓地转动，我们能够看到它旋转，但听不到任何声音。现在转速提高，片刻之后，速度增加到某一程度，我们开始听到一种低沉的声音。继续加速，声音随之提高，不断抵达新的高度。这样一直继续下去，声音越过一个个音阶，越来越高。最后，当转速提升到某一程度时，声音达到了人类听力范围的上限，尖利刺耳的高频声音逐渐消失，一切又归于沉寂。虽然客体依然在转动，我们却听不到它所发出的声音。就是说，其转速过高，超出了人耳所能感受到的振动频率范围。接下来是对温度之上升程度的感知。一段时间后，人们看到，客体散射出暗红色的光。随着转速的升高，红色逐渐变成了亮红色。转速进一步提高，红色变成橙色，橙色又变成黄色，接下来便是绿色、蓝色、靛蓝直至紫色。转速再继续增加，紫色的光渐渐消失，再也看不到任何颜色，因为它们已经超出人类的视觉范围。然而，此时，还是有不可见的光线从高速旋转的客体上散射出来，它们被用于摄影等各种不同的应用领域。此外，如果改变客体的构成成分，则会产生X光等特殊的射线。电与磁也会在适当的振

# 第九章　振动原理

动频率下产生。

当客体抵达某一振动频率时，组成它的分子分解为原始元素或原子。接下来，根据振动原理，原子分裂为无数个构成它的粒子。最终，甚至这些粒子也会消失。这时，客体被认为是由以太实质构成的。科学不敢再继续探寻下去，而赫尔墨斯主义者教导说，振动频率持续提高的话，客体也会次第呈现出渐高的彰显形式，依次彰显为各个心智等级，并进一步在精神方向上发展，最终回归一切万有——绝对精神。只是，远在抵达以太实质层之前，该"客体"便已不再是"客体"。尽管如此，上述描述依然是正确的，因为它所展示的是振动频率与模式不断提升所产生的效果。请谨记，在上述描述中，"客体"散发出光、热等能量时的阶段，并不是说它"分解"成了光、热等形式的能量（这些能量形式的振动等级远高于客体本身所处的等级），而是客体的振动程度不断提高，释放出了光、热等形式的能量。释放程度取决于构成该客体的分子、原子及粒子。这些形式的能量，尽管它们的等级远高于物质，却被禁锢和限制在物质组合体之中。原因在于，能量借由或者说利用物质形相来彰显自己，也因此会被卷入并禁锢在其所创造的物质形相之中。在某种程度上，一切的创造都如此，创造力被卷入其受造物中。

赫尔墨斯教导比现代科学的教导更加深入，它指出，一切思想、情绪、判断、意志、意愿以及其他任何心智状态，都伴随有振动，而且其中的一部分会散射出来，并可能通过"感应"的方式影响到他人的心智。这一运作原理解释了心电感应、精神影响以及其他各种心智影响形式。如今，许多人对上述现象都有所了解，这归功于这一领域的学派、信仰体系、教师们对此类神秘知识的广泛传播。

每一个想法、情绪与心智状态都有与其相应的振动频率及模式。一个人可以借由自己或他人的意志力，再现这些心智状态，就像可以通过让乐器在某一频率上振动而重现某个音符一样；亦如也可以运用同样的方法重现某一颜色一样。了解了振动原理所蕴含的知识，并将其运用在心智现象上，一个人便能够将自己的心智极化到他所希望的任何程度，并由此完美地掌控自己的心智状态及情绪状况等等。不仅如此，他也能够以同样的方式影响他人的心智，在他们之中创造所期望的心智状态。一言以蔽之，他能够在心智层面上创造科学家们在物质层面上所创造的，亦即，"随心所欲的振动"。当然，只有经过专门的指导、锻炼与修习才能获得这一力量。这就是"心智转化"

# 第九章 振动原理

的艺术，赫尔墨斯艺术的一个分支。

回顾一下我们所讲述的内容，学生们可以看到，振动原理是那些大师与巨匠运用力量、创造神奇现象的基础。他们貌似能够避开自然法则的影响，其实，他们只是简单地运用一个法则来克服另一个法则，运用一个原理来对抗另一个原理而已。而且，他们通过改变物质客体——或能量形式——的振动来获得预期的效果，由此行使众人所谓的"奇迹"。

正如古时一位赫尔墨斯著作者的肺腑之言："了悟振动原理的人，握有力量的权杖。"

## 译者注
## 力量的权杖

哈佛大学心理学教授、心理学家艾伦·朗格从事对"专注力"的研究已有三十多年之久，到目前为止已出版11本书，发表了200多篇学术论文及文章，被人誉为"专注力之母"。"衰老"也是她的主要研究领域之一。1981年，她进行了一项结果颇受人关注的实验。她与助手们在一座老修道院营建了一个"时间胶囊"，时间胶囊的时间设定在1959年。16位七八十岁的老人被请来参与实验。他们被分成两组，8人一组，在时间胶囊里生活一星期。老人们进入1959年的生活环境，听那时的音乐，看那时的报纸，谈论那时的时事与新闻，并尽量独立地生活，自己照顾自己的饮食起居。不同的是，A组以"现在进行时"的方式努力使自己置身于1959年，以22年前的自己的身份生活。B组的老人则采用"过去时"，以怀旧的方式回忆1959那一年。

实验结果令人惊讶，入住"时间胶囊"之前显得老态龙钟、行动不便的老人们，视力、听力、体力、血压、记忆力等各项身体指标均获得了明显的改善。他们不仅在行动上变得更加敏捷，丢掉了拐杖，有的人甚至玩起了橄榄球。尤其是A组的老人们，他们无论在体力还是智力测试上都更高一筹，据说，看到他们实验前后的照片的局外人，无不评价说"他们看起来年轻了！"。或许受此实验启发，2010年，BBC也邀请一些老人——昔日的名人，进行了类似的实验，他们将"时间胶囊"的时间设定在1975年，也获得了类似的结果。

既然实验结果令人讶异，尽管事实胜于雄辩，但对于不（肯）相信的人而言，因为无法解释原因而对此表示质

## 第九章　振动原理

疑,也是可以理解的。从振动以及"一切皆为心智"的角度来看,"一切思想、情绪、判断、意志、意愿以及其他任何心智状态,都伴随有振动,而且其中的一部分会散射出来,并可能通过'感应'的方式影响到他人的心智"。这些参与实验的老人,在朗格教授的安排下,将自己的心智状态"设置"到22年前,"时间胶囊"所营造的环境——实验工作人员也都装扮成1959年的模样,1959年的音乐、报纸与时事新闻,生活自理,这些都是促使他们回归22年前的心智状态的工具。"每一个想法、情绪与心智状态都有与其相应的振动频率及模式。一个人可以借由自己或他人的意志力,再现这些心智状态"。这些老人们借由意志力重现自己于22年前的心智状态,再加上前几章中提及的"信念创造实相"以及"心理状态对身体的影响",身体上因此发生相应的反应或变化,也就不是那么不可思议的了。更何况,他们的"振动能量"还会影响到彼此,起到互相激励的作用。相由心生,"振动"为桥。至于短短的一周时间就能产生如此大的变化,这是否是一个比较极端的例子,就留作探讨的话题吧。我们都可以自己做一个小小的实验。先在心里一遍遍地告诉自己"我好累,我好累,我好累"!并同时无力地垂下双臂,任双腿发软，这时感受一下自己的身体状况。然后站直身子，双脚坚稳地站在地上，双拳紧握，坚定地告诉自己："我很有活力，精神抖擞，斗志昂扬，好想一飞冲天！"这时再感受一下自己的身体状况，又是什么感觉呢？

上述只是一、两个小小的例子，关于"振动"以及"同频共振，同质相吸"的例子举不胜举。从这本归纳赫尔墨斯教导的书问世到现在，时间已过去一百多年，这期间科学获得了飞速的发展，更有量子力学这一璀璨的明珠破雾而出。这些年来，科学不断地证实着"一切都在振动"这一观点。此处不再使用过多的笔墨来对此进行更加详细的探讨。令人惊叹的则是，远古的赫尔墨斯教导早已明确地阐述了这一点，并将"振动原理"作为最重要的教诲之一，讲给那些有耳能听的人。

当然，我们还不是赫尔墨斯大师，还无法做到"能够在心智层面上创造科学家们在物质层面上所创造的，亦即，'随心所欲的振动'"（或许这几句话已经为读者提供了负面的暗示），但是，现在的我们已经了解到振动原理，力量的权杖已在触手可及之处。我们可以试着去运用振动原理所蕴含的知识，去理解出现在我们生活中的各种事件，理解自己对周遭环境的影响，以及周遭环境对自己

## 第九章 振动原理

的影响。

比如,既然知道情绪等一切心智状态都伴随有振动,且可能通过"感应"的方式影响到他人的心智,就不要忽视自己对周遭环境的影响力,随意宣泄自己的各种情绪,为所欲为。无论何时何地都要心存善念,一句问候的话语,一个小小的行为,都可能会为对方带来受益终生的影响。记得几年前的一个傍晚,结束了一天忙碌的工作,一路开车回到家的我,刚刚推开车门走下车,迎面走过来一位陌生的老人。两人四目相对。"晚上好!"我笑着对他说。"晚上好!今天又是安全到家的一天!对不对?"他满脸的笑容。"对!"我亦笑意盈盈。问候之间,两人已擦肩而过,各奔东西。开车路上为工作上的"问题"而思考纠结的我,心中一亮,继而又心中一暖,是啊,又是安全到家的一天!感恩之情油然而生,那所谓的"纠结"也于一瞬间烟消云散。虽然从此以后再也没有见过那位老人,甚至不记得他的模样,但他的那句话却时时出现在我的脑海中。伴随这句话出现的,则是由衷的感恩。后来,也有将这个小故事分享给周遭的一些人,在他们感觉感恩的时候,在他们抱怨的时候,在谈论的话题使我想起这件事的时候……虽然情境各不相同,但每次的结果都是一样的：静默片刻之后多了那么一点点感恩。而懂得感恩的人，都是快乐的。

朗格教授的这个实验为我们展示了心智的力量，以及"抗衰老"甚至"逆时钟"的有效方法。绝大多数人都希望自己能够"老得慢一些"或者"健康地变老"，也因此，一旦某地出现一位身体健康、精神矍铄、鹤发童颜的百岁老人，便会有人前去取经，提出各种各样的问题，吃什么，喝什么，几点入睡，几点起床，平日都做些什么，等等等等。将这些老人的回答汇集在一起，便出现了种种"矛盾"。有的百岁老人滴酒不沾，有的百岁老人喜欢每天喝上那么几口；有人从不吸烟，有人最大的乐趣之一便是"饭后一袋烟"；有人饮食清淡，有人从不忌口，想吃什么吃什么……根据赫尔墨斯教导，心智的振动等级高于物质，饮食起居固然重要，但更重要的则是对生命的热爱、乐观的心态以及内心的宁静与平衡等心智状态。如果深入地研究，或许人们会发现，上述心智状态正是那些百岁老人的共同之处。

随着心理学研究的不断发展，人们也渐渐认识到情绪并不仅仅是内在感受的表达，而是与人们的日常生活有着密切的关联。从某种意义上讲，管理情绪近似于管理人

## 第九章　振动原理

生；而管理信念，则基本等同于管理人生——信念创造实相。理解了赫尔墨斯振动原理，明了思想、情绪与意愿等都伴随着振动，就不难理解该如何运用"吸引力法则"及"愿力的力量"等的方式来改变或巩固自己的人生。诸如"对方为什么会因为自己的情绪而失措"，"自己为什么容易被对方的情绪感染"，"和某人交往为什么会这么累"等的问题，也就变得透明易懂了。

"了悟振动原理的人，握有力量的权杖"，原因之一便是，"了解了振动原理所蕴含的知识，并将其运用在心智现象上，一个人便能够将自己的心智极化到他所希望的任何程度，并由此完美地掌控自己的心智状态及情绪状况等等。不仅如此，他也能够以同样的方式影响他人的心智，在他们之中创造所期望的心智状态"。既然权杖就在手边，既然赫尔墨斯教导已将力量的权杖呈现在我们面前，就让我们欣然握起赫尔墨斯权杖，运用振动原理来创造自己想要的实相，做主自己的人生吧。

▲

第 十 章

The Book of Secrets

极性原理

任何事物都是二元的，都有两极，有其相互对立的两面；"相似"与"相异"是一样的；对立的两面在本质上是完全相同的，只是在程度上有所差异；物极必反；一切真理都只是"半真理"；所有的悖论都是可以调和的。

——凯巴林

## 第十章 极性原理

第四个伟大的赫尔墨斯原理——极性原理——所蕴含的真理是,万事万物都具有"两个方面"、"两个面向"、"两个极性",都有其对立的两面,两个极端之间只是许许多多不同的等级。这一原理诠释了许多令人迷惑的古老悖论。自始至终,人们一直对这一原理有着模糊的认识,并试图通过如下这些谚语、格言与警句加以表达:"任何事物都同时既是又不是","一切真理都是半真理","一切真理都是半谬论","任何事物都具有两面性"以及"每个盾牌都有其另一面",等等。

赫尔墨斯教导的大意是,貌似正好相反、截然对立的事物,它们只是程度或者说等级不同而已。它教导我们说:"对立的两面是可以调和的"以及"正题与反题在本质上是完全相同的,只不过有着程度上的差别"。认知极性原理,有助于实现"对立面之间的全面调和"。传授赫尔墨斯思想的老师们说,极性原理的实例比比皆是,通过检视任何事物的真实本质都可以看到该原理的运作。他们从"精神"与"物质"开始,指出二者其实是同一事物的两极,二者之间的众多层面只不过是不同的振动等级而已。他们还说,一切万有与芸芸众生其实也是同一事物,不同之处仅在于心智显化的程度。那么,"终极法则"与其他一般的法则也是同一事物的两个极点。同样，"终极原理"与其他一般的原理，无限心智与有限心智之间的关系亦如此。

接下来是物质层面。他们通过"冷"与"热"来展示极性原理。他们指出，二者在本质上是相同的，它们的区别只在于程度上的不同。温度计展示了温度的众多等级，最低的极点被称为"冷"，最高的极点则被称为"热"。两个极点之间存在着许多不同程度的"热"或者说"冷"，无论你将其称为"热"还是"冷"都是正确的。两个温度等级之间较高的那个总被说成是"较热"，而较低的那个则是"较冷"。并不存在绝对的冷热标准，一切都只是程度不同而已。温度计上并不存在"热止于此，冷始于此"的分界线，它所展示的只不过是振动频率的高低。我们常常使用——且不得不使用——的"高"与"低"这两个词汇，只不过是同一事物的两个极点，所谓的"高"与"低"其实都是相对的。"东"与"西"亦如此。如果你一直向东做环球旅行的话，你会来到相对于出发点而言被称作"西方"的地方。如果你一直向北旅行的话，某一天，你会发现，自己正在往南走。反之亦然。

光明与黑暗也是同一事物的两极，二者之间存在着许多不同的等级。音阶亦如此,从C开始一直向上,直至上升到另一个C,并这样一直继续下去。琴键键盘的两端是一样的,这两个极点之间有着许多不同的等级。颜色亦如此,频率高的紫色与频率低的红色之间只不过是众多不同的振动等级而已。"大"与"小"也是相对的。"嘈杂"与"宁静"亦同。"硬"与"软"也遵循同样的原则。"锋利"与"粗钝"也不例外。"正面"与"负面"是同一事物的两个极点,二者之间存在着无以计数的等级。

"好"与"坏"也不是绝对的,我们将标尺的一个端点称作"好",另一个端点则为"坏";或者说,一端为"善",另一端则为"恶",并以这种方式使用这些词汇。处于"善恶标尺"上某一位置的事物,与标尺位置高于它的事物相比,是"较差"的;而与此同时,这一"较差之事"相对于标尺位置低于它的事物而言,又是"较好的"——依此类推,事物在标尺上所处的位置决定了它是"较好的"还是"较差的"。

心智层面也如此。"爱"与"恨"一般被认为是完全对立、截然不同、无法调和的。然而,如果将极性原理运用其上的话,我们会发现根本不存在什么"绝对的爱"与"绝对的恨",尽管人们常常将二者断然分开。它们只不过是人们形容同一事物的两个极点时所使用的词汇而已。从"爱恨阶梯"的任一点开始，沿着阶梯拾级而上，会是"程度较深的爱"或者说"程度较浅的恨"；沿着阶梯下行的话，则是"程度较深的恨"或者"程度较浅的爱"，无论从阶梯上的哪一点——或高或低——开始都如此。"爱"与"恨"之间存在着不同的等级与程度，在"爱恨阶梯"的中点，"喜欢"与"不喜欢"之间的区别是如此模糊难辨，人们很难将它们区分出来。"勇气"与"恐惧"也遵循同样的原则。相互对立的两面无处不在。任何事物都有其对立面——永远形影相随的两极。

正是基于这一事实，赫尔墨斯主义者能够运用极性原理将一个心智状态转化为另一个心智状态。分属不同类别的事物无法互相转化，但是，同类的事物却可以，就是说，可以改变它们的极性。因此，"爱"永远无法转化为"东"或者"西"，也永远无法转化为"红色"或"紫色"，但是它可以甚至常常转化为"恨"。同样，通过改变极性，"恨"也可以转化为"爱"。"勇气"可以被转化为"恐惧"，反之亦然。"坚硬"的东西可以变得柔软，粗钝的东西可以变得锋利，热的东西可以变冷。如此等等，转化总是存在于类别相同，但等级不同的事物之

## 第十章 极性原理

间。以心存恐惧之人为例。通过沿着"恐惧—勇气"之线提高其心智振动,他的心中就会充满处于最高等级的勇气,无所畏惧。同样,懒惰之人也可以变得积极主动,精力充沛,只要他沿着自己所渴望的品质之线进行极化便可。

心智科学等的学派都有其改变心智状态的方法与过程,熟悉这些方法与过程的学生可能并不真正了解这些改变背后的运作原理。然而,一旦掌握了极性原理,并认识到改变极性——沿着同一阶梯的滑动——便会促成心智状态的改变,这一切就不再那么难以理解了。这种改变并非从一个事物转化成另一个完全不同的事物,而是同一事物在程度上的转变,了解这二者之间的不同很是重要。举例而言,以物质层面的现象为例,将"热"转化为"锋利"、"嘈杂"、"高度"等是不可能的。然而,却完全可以将"热"转化为"冷",仅仅通过降低振动频率便可以做到。以同样的方法,"恨"与"爱"也可以互相转化,"恐惧"与"勇气"亦如此。但是,"恐惧"不能被转化为"爱","勇气"也不能被转化为"恨"。各种心智状态分属于无数个不同的类别,每个类别之内都存在着相对的两极,在两极之间进行转化是完全可能的。

学生们会认识到，心智状态并无异于物质层面上的各种现象，也可以将两个极点相对地归分为正负两极。因此，相对于"恨"而言，"爱"是正向的；相对于"恐惧"而言，"勇气"是正向的；相对于"倦怠"，"活跃"是正向的，等等等等。值得注意的是，即使在并不熟悉振动原理的人眼里，正极点也高于负极点，占据着主导地位。自然之发展趋势也别无二致，倾向于正极点的主导性活动。

除了运用极化艺术来改变自身之心智状态的极性外，各个不同阶段的心智影响现象表明，这一原理也可以被扩展运用到影响他人的心智上。近年来，已有不少这方面的著作与教导。了解了"心智感应"是可行的，亦即，可以通过"感应"来影响与创造他人的心智状态，就不难理解某一振动频率，或者说某一心智状态的极化程度，是如何传给另一个人，从而使其心智状态——属于同一类别的心智状态——的极化程度发生改变的。许多"心智疗愈"所取得的成效都是基于这一原理的运作。比如，一个人处于忧郁、消沉且满心恐惧的状态。某位心智科学家运用业已训练有素的意志力，将自己的心智提升到适当的振动频率，从而使自己先达到预期的极化效果，然后通过"感

# 第十章 极性原理

应"使那个人产生类似的心智状态。结果是，此人的振动频率得到提高，他向正极点——而非负极点——极化自己。由此，他的恐惧以及其他负面情绪得以转化为勇气等积极正面的心智状态。稍作研究你就会发现，这些心智转化几乎都是沿着"极化之线"进行的，是在等级或者说程度上的变化，而不是类别的改变。

了解了这一伟大的赫尔墨斯原理，学生们能够更好地理解自己以及他人的心智状态。他会看到这些心智状态都只不过是等级不同罢了。拥有了这一洞见，他就能够随心所欲地提高或降低自己的振动频率——亦即改变其心智极点，并由此成为自己心智状态的主人，而非它们的仆从或奴隶。借由这些知识，他也能够智性地帮助身边的人，并在必要之时，运用适当的方法改变极性。我们建议学生们认真学习与了解赫尔墨斯极性原理，因为对它的理解与掌握，有助于解决各种形形色色的难题。

## 译者注
### 行至水穷处 坐看云起时

物极必反，乐极生悲，爱之深恨之切，诸如此类的话语并不乏见。万事万物都有正负两面，而且事物的极性是可以转化的，许多人对此也有所了解。不过，这种转化到底是怎么一回事，又如何实现转化，这在许多人心中可能都是一个疑问。

前几章所讨论的"宇宙的心智性"以及"振动原理"为赫尔墨斯心智炼金术——或者说心智转化的艺术——拉开了帷幕，这一章，赫尔墨斯心智炼金术中又一个重要的"炼金工具"——运用极化艺术来改变自身甚或他人的心智状态——登上了舞台。简言之，这一心智转化艺术就是认出事物的两个面向或者说极点，并在两个极点之间连上"极化之线"，然后沿着这条线提高或降低自己的心智振动频率，以抵达自己在这条"极化之线"上所希望的位置。亦即，将一个心智状态转化为另一个心智状态。

理解了赫尔墨斯极性原理，便会明白，诸如"冷"与"热"，"爱"与"恨"以及"恐惧"与"勇气"等许多貌似相互对立的两面都是同一事物的两极，不同的仅仅是程度或等级，也因此，二者之间，比如不同的心智状态之间是可以互相转化的。然而，仅仅认知这一事实并不是全部，更重要的是，我们可以做主自己的心智状态，积极主动地保持或转化它，而不是沦为它的奴隶，被动地受控于

# 第十章 极性原理

它，受控于外在的因素。以"爱"与"恨"这两个貌似的对立面为例。两个人刚刚坠入爱河之时，卿卿我我，你侬我侬，演绎着一场刻骨铭心的爱情，颇有海枯石烂永不变之势。忽然间，节外生枝，其中的一方因着种种原因决定放弃，"被分手"的一方可能会无法理解，继而无法接受现实，无法承受这一打击，伤心、委屈、抱怨、痛苦、悔恨、怨恨、愤恨、恨……如果无法转化或者释放这些情绪的话，它们便有可能转化成深切的"恨"，恨天，恨地，恨人生，恨自己，更恨那个"遗弃"自己的人。有人甚至会因为这种"彻骨的恨"而做出害人害己的过激行为。而沉浸于"恨"——包括各种缘由所导致的恨，成为"恨"的奴隶的人，并非仅仅是携带着这种情绪。这种情绪也会影响到这个人的生活态度，甚至整个人生。如何改变这种状态呢？首先要有"改变"的愿望，要有不想再这样继续下去的决心。"意愿"是人们最根本的驱动力，坚定的意志力会为想要做出的改变奠定坚实的基础。接下来，便是沿着"恨—爱"的极化之线提高振动频率。具体方法多种多样。比如有意识地关注与感受这种"恨"，感受内心的伤痛，全然地接纳它，不压抑，不逃避，不评判。可以说，这是最有效的办法，在关注与接纳的阳光下，

"恨"——以及其他的负面情绪——会像雪一般融化。不过，这貌似简单的方法，做起来却不见得容易。许多人会采用转移注意力的方式，比如投身于事业或开始另一份感情，或者去做一些自己一直想做却未能付诸实践的事情。这种方法也可以起到有效的作用，但前提是，保持对内在情绪与感受的觉知，允许它存在，也允许它随着时间的流逝自行释放或转化。否则的话，便有可能因着"新爱"——事业、恋人或爱好等——而失衡，甚至失去自己，无法进入自己真正想要的心智状态。此外，倾诉也是一种释放情绪的方式，如前所述，情绪也是能量，低频能量得到了释放，心智状态自会随之改变。

总的来说，无论想要做什么改变，基本步骤都是一样的。确定愿望，运用意志力来改变心智状态——包括信念、思想与情绪等，并付诸行动，实相自会随着心智状态的改变而改变。也因此，"想要改变你的世界，改变你的生活，首先就要改变你自己"并不是什么无稽之谈。

宇宙中流动着各种能量，就看我们选择与哪一频率的能量对准了（是的，我们完全可以自己做主，做主自己的选择）。低频能量会吸引低频能量，比如恐惧、愤怒、怨恨、羞愧等能量，它们不仅会使人变得软弱，还会吸引更

# 第十章 极性原理

多的低频能量到自己身边。而如果将自己的内心状态转变成频率较高的爱、慈悲、理解、欣赏、愉快、宁静与平和，不仅能够因此而变得坚强，还会吸引更多的高频能量进入自己的生活。而且身边的人也会因此而受益。正如灯塔一般，闪耀自身之光的同时，也会照亮他人，照亮周遭的环境。

　　境随心转，相由心生，想要创造自己想要的生活，想要拥有自己理想的世界，就要先改变自己的心智振动，将自己调谐到与理想生活相适合的心智状态。迄今为止，无论心理训练也好，灵性修习也罢——二者之间的界限其实是模糊的，都提出过各种各样提高振动频率的方法，尽管它们并不见得使用"振动频率"这个词。通过正面语来激励自己或他人就是其中之一。比如动员讲话，这个概念已被广泛地运用于各个领域之中，甚至已经成了一种约定俗成的"惯例"。成功的动员讲话能够增强参与者的愿望与信心，使其更加有动力，带着更大的自信与热忱投入行动。究其本质，就是沿着某些"极化之线"——比如"倦怠—活跃"、"恐惧—勇气"的极化之线——提高参与者的振动频率。不言而喻，没有人会在真正的动员讲话中说："这件事是绝对不可能完成的，因为你们没有那个能力！"

　　这一借由"正面激励"来提高振动频率的方法，也可以运用在自己身上。即将进行某一略感发怵的事情——比如考试、面试、比赛、公众演讲等——时，可以在心中给自己来一个"动员讲话"，也可以通过想象——想象自己胸有成竹地进行并完成了这件事——甚至各种形式的祈祷来增强自己的勇气与信心。而且，这并不仅限于面临挑战之时。每天早晨，伴着晨曦睁开双眼时，便可以对自己说："今天又将是美好的一天！"相对于带着"今天又会很烦、很累、很无聊"的想法开始新的一天，效果是截然不同的。此外，当我们以这种积极、肯定的方式对待他人时，他人也会被我们的能量感染，变得积极主动，负起自己的责任。比如，多关注对方的优点、能力与天赋，尊重对方，告诉对方看到了他的努力与进步。这样做总会起到积极的促进作用。尤其是对待小朋友时，更是如此。当对方因考试失败而气馁时，"我知道你很棒，只要你多给自己一些准备的时间，下次你一定会考好！"远比"你看，整天就知道玩！我就知道你考不好，没见过你这么笨的人！明明不聪明，还不努力！"更能唤起对方的意志力与行动力。"保龄球效应"就是对这一点的绝佳展示。两

# 第十章 极性原理

名保龄球教练分别训练自己的队员,队员都是一球打倒了7个球瓶,教练甲对队员说:"很好!打倒了7个!"队员听了倍受鼓舞,更加努力训练,以做得更好。教练乙则说:"怎么回事,还有3个没打倒!"队员听了不仅气馁,也不服气,觉得教练忽视了自己的成绩——已经打倒的7个球瓶。结果呢,教练甲所带的队员成绩越来越好,教练乙的队员却恰恰相反,成绩差强人意。诸如此类的例子数不胜数,每个人都能在自己的日常生活中找到相似的情境吧。

"正面激励"能够提高振动频率,评判、责怪、怨恨、抱怨等则会降低振动频率。许多人将自己的"不幸"归罪于他人,归罪于环境,甚至归罪于命运。义无反顾地扮演起"受害者"的角色,深陷在"无力感"的泥沼中,无法自拔。不仅如此,对于帮助这些"受害者"的人而言,如果方法不当,陷入纠缠不清的"助人"与"被助"的关系中,反而会助长"被助者"的无力感。这样不是帮助对方,而是帮助对方继续扮演"受害者"的角色,甚至还有可能被对方拉进情绪的漩涡,成为受害者的受害者。真正的助人是带着爱与信任帮助对方看到并运用自身的力量,而不是通过介入对方的生活、帮助对方做决定等方式来剥夺对方的力量。否则的话，对方不仅无法在"软弱—坚强"的极化之线上提升自己，反而会不断地下滑。

爱与信任，不仅能够帮助他人提高振动频率，也是提高自身振动频率的最高能量。爱，这里指的并不是那种浪漫的爱，也不是母爱；它不止是一种情感，而是一种高频的能量。如前所述，爱自己，不仅会提高自身的整体频率，也会自然而然地将更多的高频能量吸引到自己的身边。爱自己的重要面向之一就是接纳本然的自己，接纳自己内在的情绪，包括那些负面的情绪。许多负面情绪都是因着内心深处的恐惧而起，用充满爱的意识关注它们，接纳它们，那些负面情绪自会慢慢消失，心智状态也会随之改变。爱自己是重获自我力量的前奏，而重获自我力量又是创造自己理想生活的必经之路。

此外，拥有内心宁静也是改变心智状态的有效方式。给自己留出全心关注自己的时间，独处（暂时从人群、电视、手机等构建起来的"关系之网"中抽离出来）、静坐、冥想、在大自然中散步等都有助于获得内心的宁静。内心宁静的人能够觉察自身的想法与感受，成为自身之感受与情绪的主人。内心宁静的人会变得坚强，能够抵御外在的负面能量，如如不动地处身于自身的能量之中。无论

# 第十章 极性原理

外在有何影响，都能够坦然地面对，任其自生自灭。无庸赘述，内心宁静的人也能够更好地与周遭的人和睦相处，在喧嚣浮躁的社会中营造出自己温馨恬淡的小世界。

当然，赫尔墨斯极性转化艺术远比上述这些简单的介绍更加浩瀚深远，对此有兴趣的读者，可以在各种神秘学专著中获取更多相关的知识。懂得极性原理，也就会明白，凡事都有一个"极点"，不会无限地发展下去。潮来潮去，聚散分离。喜境如此，天下没有不散的宴席；困境亦如此，苦尽甘来、绝处逢生并非缥缈的幻想。有时候，当我们觉得自己身处绝境，仿佛毫无希望、束手无策之时，可能唯一需要做的就是坚持，给自己一些蓄势待发的时间。或许行至水穷处，正是坐看云起时。这也是下一章"律动原理"所涉及的内容。

第十一章

The Book of Secrets

**律动原理**

一切都在流动，流进流出；一切都有潮汐，起起伏伏；钟摆现象存在于所有事物之中；右摆幅度亦即左摆幅度；律动予以补偿。

——凯巴林

# 第十一章 律动原理

第五个伟大的赫尔墨斯原理——律动原理——所蕴含的真理是,任何事物之中都存在着有节律的运动,往往复复,流出流入,荡前荡后,钟摆般的运动,潮汐般的涨落,有高潮也有低潮;无论在物质、心智还是精神层面上,都在两个极点之间运动。律动原理与上一章所讲述的极性原理有着密切的关系。律动是在极性原理所确定的两极之间进行。然而,这并不是说,律动的摆锤就一定要摆到两个极点,这种情况极其罕见。事实上,大多数情况下,很难精确地确定事物两个对立的极端。不过,摆锤总是先摆向其中的一个极点,然后再摆向另一个极点。

作用力与反作用力,前进与后退,跃升与沉落在宇宙中无处不在,存在于一切现象之中。这一原理运作于所有的星辰、世界、人类、动物、植物、矿物、力量、能量、心智与物质,是的,甚至也运作于精神层面。世界的创造与毁灭,国家的兴亡,一切万物的生命史以及人类的心智状态,处处皆有这一原理的身影。

让我们首先看一看精神,看看一切万有的显化。我们会看到其显化过程是由"涌溢"与"纳入"这两个阶段组成的。用婆罗门的话说就是"梵天的呼吸吐纳"。宇宙被创造出来，并达到其最低点——物质，然后开始向上回摆。星辰跃入存在，逐渐发展至力量的鼎盛时刻，然后开始衰退，亿万年后，成为死物质，静静地等待新的推力来唤醒其内部能量，从而开始新的生命周期。所有的世界都如此，诞生，成长，灭亡，然后是再生。世间万物亦如此，从作用力摆向反作用力，从诞生摆向死亡，从活跃摆向不活跃，然后再向回摆动。一切生命也不例外，出生，成长，死亡，然后获得新生。各种伟大的运动、哲学、教义、时尚、政府、国家以及其他所有的一切也不例外，都经历着诞生、成长、成熟、衰落、灭亡然后再重生的过程。摆锤的摆动无处不在，显而易见。

夜以继日，日以继夜。摆锤从夏摆到冬，又从冬摆回到夏。粒子、原子、分子以及所有的物质形态都按照自身的固有规律循环往复。根本不存在什么绝对的静止或停滞，一切的一切都在律动之中。律动原理放之四海而皆准，适用于任何生命层面上的任何问题与现象，也适用于人类活动的所有阶段。一切的一切都处于从一个极点趋向另一个极点的律动之中，宇宙的摆锤无时无刻不在运动。生命的潮汐依循法则涨涨落落。

现代科学对律动原理已经相当了解，并将其看作是适

## 第十一章　律动原理

用于一切物质形态的宇宙法则。然而，赫尔墨斯主义者对这一原理的理解则更加深入。他们深知，律动原理也同样运作于心智层面，影响着人类的心智活动。那令人手足无措、起伏跌宕的情绪与感受，还有我们在生活中所遇到的、令人备感烦恼与困惑的各种变动，都与律动原理有着不可忽视的关联。不仅如此，通过研究这一原理的运作，赫尔墨斯主义者学会了如何借由转化来规避律动原理所带来的某些实际影响。

赫尔墨斯大师们很早就发现，律动原理是恒常不变的，在各种心智现象中也是显而易见的。不过就心智现象而言，律动原理具有两个不同的彰显层面。他们发现人类的意识状态具有一高一低的两个层面，对这一事实的认知与理解使他们能够将自己提升到较高的那个层面，从而避开律动的摆锤在较低层面上的摆动。换言之，他们能够避开摆锤在无意识层面上的律动，因此，这一较低层面的律动无法影响到他们的意识觉知。他们将其称为中和法则。其运作方法如下：进行自我提升，使自己的意识超越心智活动的无意识层面，这样，摆锤的负面律动便不会彰显于自己的意识觉知之中，那么自己也就不会受到它的影响。这就好像是将自己提升到某一东西的上方，任其在自己的脚下飞驰而过一样。赫尔墨斯大师们，或者精进资深的学生们，将自己极化到所期望的程度，通过一个类似于"拒绝"随摆锤一起回摆，或者说"拒绝"摆锤影响自己的过程，岿然不动地立足于自己所处的极化之点，任心智的摆锤在无意识层面上回荡。任何具有一定"自我掌控"能力的人都或多或少地——差不多无意识地——这样做过，他们"拒绝接受情绪与负面心智状态的影响"的尝试也正是对中和法则的运用。只不过大师们对此更加精通与熟练，他们凭借自身意志力所达到的心智平衡与稳固程度，在那些任由情绪与感受的心智摆锤荡来荡去的人眼中，是不可思议的。

任何有思想的人，只要他们认识到大多数人都如此受控于心境、感受与情绪，缺乏最基本的自我控制能力，便会承认心智平衡与稳固的重要性。如果你能够停下来稍微思考一下，就会发现这些律动如何深刻地影响了你的生活：激情澎湃之后总会不可避免地出现与其相反的落寞与消沉。同样，勇气高涨的状态与阶段过后，随之而来的便是与其旗鼓相当的恐惧心态。大多数人都如此，情绪的潮汐起起落落，却从未深究过这些心智现象的缘起与原因。了解了律动原理的运作，就拥有了掌控这些情绪律动的钥

## 第十一章　律动原理

匙，并能够更加了解自己，超越这些情绪潮汐，不再做它们的傀儡。虽然律动原理是永远无法废除的，但意志力远高于这一原理的心智影响。我们能够避开它的影响，尽管它自始至终都在起作用。摆锤永远都在摆动，只是我们能够超越它，不随其摆来摆去。

关于律动原理的运作特性，我们还想做一些附加说明，谈一谈补偿法则。"补偿"这个词的定义或者说词意之一是"使平衡"，赫尔墨斯主义者使用"补偿"这个词时，指的就是这个意思。赫尔墨斯教导"右摆幅度亦即左摆幅度；律动予以补偿"便涉及这个补偿法则。

补偿法则的意思是，摆锤在一个方向上的摆动决定了它在相反方向上，或者说向另一个极点的摆动，二者是平衡的。在物质层面上，这一法则的实例比比皆是。时钟的钟摆向右摆多远，也就会向左摆多远。一年四季也是以同样的方式互相平衡。潮汐也遵循着同样的法则。补偿法则体现在所有的律动现象中。摆锤向一个方向摆动的幅度小，那么向另一个方向摆动的幅度也必然小。向右的大幅度摆动必然意味着向左的大幅度摆动。一个物体被向上抛出多高，就会回落多少。物体被抛射到距离地面1.6千米处所需要的力，等同于物体返回地面时所产生的撞击力。

在物质层面上，这一法则是恒常不变的，且不乏权威的印证。

然而，赫尔墨斯主义者对于这一法则的理解并不止于此。他们教导说，人类的心智状态也同样遵循这一法则。易喜之人亦易悲，感受不到大悲大痛的人，也感受不到大喜大乐。猪没有什么心智上的痛苦，但也没有多少快乐——这也是一种补偿或者说平衡。另一方面，有些动物能够体验到强烈的喜乐与欢愉，但他们的神经系统与性情却使得他们饱尝悲痛之苦，人类就是这样。一些人性情恬淡，无大喜，亦无大悲；而另一些人则波澜壮阔，挣扎在大喜大悲的起伏之中。规则是，对于每一个个体而言，"乐"与"悲"都是平衡的。补偿法则完全运作其中。

不过，赫尔墨斯主义者在这一点上又更进了一步。他们教导说，在一个人能够享受某种程度的快乐之前，他必定已在相反方向上——亦即朝着另一个感受极点的方向上——有过相应程度的摆动。在这一问题上，他们认为负面事物总是正面事物的前导。就是说，一个人在某种程度上享乐之后，并不需要为此"付出代价"，透过同等程度的痛苦来补偿。恰恰相反，根据补偿法则，"乐"正是律

## 第十一章 律动原理

动的结果,是这一生或者前世中所经历的"痛"的补偿。这为"痛苦问题"带来了崭新的视角与见解。

赫尔墨斯主义者认为,生命之链是连续不间断的,一个人的一生只是生命之链的一个环节。生命摆锤的律动亦如此,它在这一生的摆动轨迹只是其整个律动过程的一部分。不过,对于不相信轮回转世的人而言,这一观点是没有任何意义的。

赫尔墨斯主义者声称,大师或者资深的学生们能够借由前述的"中和"过程在很大程度上避开摆锤朝向痛苦的摆动。通过将自己提升到更高的层面,避开处于较低层面的人所经历的大部分体验。

补偿法则在人们(无论男女)的生活中扮演着重要的角色。我们会发现,一般来说,一个人会为他所拥有或缺乏的任何东西"付出代价"。拥有某样东西的同时,就会失去另一样东西——这样才会平衡。没有人能够"既不花钱又吃到蛋糕",鱼与熊掌,不可得兼。任何事物都有其愉悦与令人不快的面向。得到某些东西总是以失去另一些东西为代价。富人拥有许多穷人没有的东西,但是,穷人所拥有的一些东西却是富人可望而不可即的。许多百万富翁喜好盛宴不断,也拥有足够的财富来确保桌上的珍馐佳肴，但面对满桌美味，却没有胃口。他们嫉妒那些劳动者的好胃口与消化能力。这些劳动者没有富翁们的财富与嗜好，但他们从粗茶淡饭中所获得的享受，即使那些百万富翁们胃口与肠胃都很好，也只能是自叹不如。毕竟二者在需求、习惯与嗜好上是如此不同。补偿法则贯穿于整个人生，无时无刻不在运作，以维持平衡。而且，它连续不断地在时间的长轴上发挥作用，有时摆锤的回摆甚至需要几生几世的时间。

## 译者注
## 无处不在的律动

人有悲欢离合，月有阴晴圆缺。万物有道，成住坏灭，周而复始，顺势者昌。诸如此类的话语与赫尔墨斯律动原理都有着或多或少的关联。万物的摆锤时时刻刻都在摆动，智者能够洞察时势，明了事物运行的趋势，从而做到顺应自然的变化规律，等待事情自然展开。他们不会做那些逆流而上，勉强为之，明知山有虎偏向虎山行等貌似壮志凌云的事情，而是感受与观察"势"，顺势而行，运用"无为而无不为"的驾驭艺术，将事情

## 第十一章 律动原理

自然而然地做成。因此,在许多人眼中,无论这些智者做什么,宇宙这个静默伙伴仿佛都在背后全力地予以支持。事实也确实如此。这是因为,他们能够看出宇宙的意愿或者说律动趋势,并将自己的愿望与其调谐一致,搭上宇宙的便车。

其实,许多人在日常生活中也是如此运作的。比如出门远行的人会事先查好飞机航班或火车时刻表,并以此为出发点制定自己的出行计划,将自己的出行愿望与交通系统的运行动态调谐。如此这般,出行人只需按时登机或坐上火车,就能够悠悠闲闲地坐在那里,等着飞机或火车将自己带到想去的地方。根本无须跋山涉水、历尽千辛万苦地徒步走到目的地。而如果听说有人大闹火车站,非要火车提前两小时出发(因为此人想要提前两小时抵达),并毅然决然地试图将火车推出车站,或者强迫某一即将出发的列车改道,我们可能会哑然失笑,要么不相信这是真的,要么会奇怪世上怎么还有这样的人。可现实生活中,真的有不少"这样的人",包括我们自己,只是不自知而已。比如,出现争执的两个人,明明双方或者其中一方正在气头上,愤怒满腔,却坚持要争个孰是孰非,急着去澄清什么,急着说服对方,而不是顺应情绪的运行,给对方一个静下来的空间，等情绪的摆锤从愤怒的极点回落，稍微平静下来以后，有必要的话再进行讨论。结果千争万辩，唇枪舌剑，或许本是一件微不足道的小事，却导致令自己后悔莫及的后果。再比如，身体本身就是一个小宇宙，有自己的循环规律，需要劳逸结合，而许多人却长期处于辛劳状态，高负荷运转，一次次地忽略身体发出的信号，高强度低效率地工作着，直到累垮。而如果每天都给自己安排一些自我放松的时间，让大脑偶尔放空，不仅身心能够得到休息，做事效率也会大为提高，达到事半功倍的效果。至于战争中的强攻硬打，并因此惨遭失败的例子更是数不胜数。

万事都有其规律，都处于周期往复之中，只不过循环周期有大有小，大循环中也套有无数个不同的小循环。想要顺着摆锤的"势"而行，首先要能够看到"势"。许多人之所以看不到"势"，是因为没有"抽离"。举个小小的例子，现在将这本书紧贴在你的眼前，让书本碰到眼睛和鼻子，再看一看你能否读出书页上的文字？不能。因为离得太近！再比如，我们平日是感觉不到地球正在围绕太阳高速转动，也感受不到地球正在自转的，因为我们就在地球上。而太空中的一双

## 第十一章 律动原理

眼，会看到地球自转；距离继续拉长，更远处的一双眼甚至能够看到地球公转的完整轨道。赫尔墨斯大师们就是这样，他们能够将自己提升到更高的层面，以观察者的身份来俯瞰、明察较低层面上事物运作的趋势，并及时采取行动，要么借助摆锤的前行之势达成自己的目标，要么避开回落的摆锤。日常生活与工作中，时时将自己从"正在进行时"中抽离，静下心来，以中立的观察者的身份回顾一下刚刚过去的这一天、这一周、这个月甚至这一年，定会发现自己以及生活中各种各样的规律与循环，从而更加了解自己以及周遭环境的运作方式，从中获得的认知与洞见亦会帮助自己做出更有益于自己的决定，更加有效地创造自己想要的生活。

面对情绪亦如此，无论男性女性，每个人都有自己固有的情绪周期。高潮期时充满生命活力，心情怡然；低潮期时则容易出现沮丧的情绪，倦怠消沉。了解了自己的情绪周期，可以依此安排各种长期与短期的计划，比如将充满挑战的事情安排在情绪高涨期，在情绪低潮期时则更加有意识地关注与调整自己的情绪，多安排一些自我放松的时间。除了与生俱来的情绪周期外，人们在外在刺激下，也会激起一道道情绪的涟漪甚至风暴。

"了解了律动原理的运作，就拥有了掌控这些情绪律动的钥匙，并能够更加了解自己，超越这些情绪潮汐，不再做它们的傀儡。"

凯莉是我的一位朋友，与老公一起住在一栋温馨的小房子里。直到有一天，多年的邻居迁居别处，新邻居相对来说比较喧噪，无论说话还是音乐声都比较大，而且属于晚睡型。凯莉因此夜夜难眠。过了一段时间，凯莉与老公决定卖掉房子，另居别处。在凯莉心中，他们的房子是如此地温馨舒适，一定有许多人争着抢着要买他们的房子。登出卖房广告的第一天起，她就满怀希望地假定并等待人们络绎不绝地表示对此房的兴趣。由此，她将自己的"期望摆锤"拉到了一个相当高的位置。正如赫尔墨斯律动原理所说"右摆幅度亦即左摆幅度"，期望越高失望也越大。她就这样一天天、一次次地失望着，且很快就开始担心房子卖不出去。最让她无法接受的就是："这么好的房子，怎么会没人喜欢呢？"直到有一天，有人报出买价。他们根据对方的出价报出了最低卖价后，她每过片刻就问老公："那人和你联系了吗？有没有打电话过来？"整整一天她都心不在焉的，根本无法静下心来做事。她对我说："如果那人告

## 第十一章 律动原理

诉我们要买房,我会哭;如果他说不买,我也会哭!"后来当她告诉我对方决定放弃的时候,双眼亮晶晶的,满眼的失望。相比之下,她的老公则非常淡定。他说:"那人决定买,我很开心,不买,也没什么。毕竟这是我无法主宰的。最糟糕的情况无非是,等我们搬到新房子时,这房子还没有卖出去。那样的话,我们得暂时负担两所房子,我们还算付得起。"

经过了一连串的失望与失眠(邻居的喧闹再加上卖房过程中一次次的情绪波动),凯莉不想再这样沉浸其中,任别人的决定来左右自己的情绪,她调整了心态。而且,她不再单纯地等待中介公司的慢动作,展开了自己的"售房行动"。几天后又是房屋开放日,并有人表示出对这座房子的兴趣。她淡淡地说:"我顺其自然,他想买就买,不买也没什么。"我对她说:"或许这也是为你提供的一个学习机会,领悟了,学会了,房子就卖掉了。"她笑着点头。过了几天,有人报价买房。三天后,房子卖掉了!后来,住进新房子的她对我说:"真喜欢这新房子,感觉它比以前的房子更适合我们。真开心!每天早晨睁开双眼,都是笑着的。"我开玩笑地问她:"会不会给那喧闹的前邻居送束花呢?感谢他们促使你搬家?"她说,事后真的感谢他们，但是处于事件之中的时候，是感觉不到这些的，总是有太多的不满与抱怨。其实，从刊登卖房广告到卖掉房子，一共历时五个月。相对于那时一至两年的平均卖房期而言，可以说是"相当快"。而对凯莉而言，却是漫长无比的考验期。

　　赫尔墨斯教导提到人类意识状态的两个层面，大部分人都生活在无意识层面，任律动的摆锤左右——抗拒也是受左右的一种表现。智者不会去抗拒，而是避开。这种避开不是脆弱的逃避，而是带着一颗觉知之心腾空而起，将自己提升至"有意识、有觉知"的层面。整个卖房过程中，凯莉的老公自始至终都将自己保持在觉知的层面，失望至极的凯莉最终也半主动半被迫地改变了心态，不再任自己的期望与他人的决定来主宰自己的情绪。毋庸置疑，许多人也都希望自己能够做到这一点。下面这个流传甚广却出处不详的问答图，它所展示的思维方式可以帮助人们将自己抽离情绪的漩涡，向觉知的层面提升。

# 第十一章　律动原理

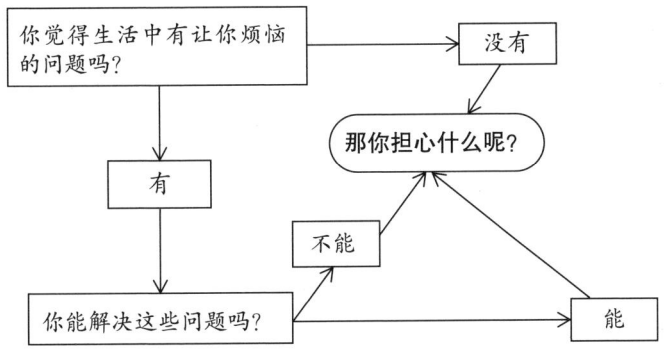

超越摆锤在较低层面上的运动，最有效的工具之一就是觉知。了解了事物的成住坏灭，即使有情绪升起，也会宁静地对待它，看着它自生自灭。毕竟情绪等能量，重在引导，而非硬碰硬地压抑与抗拒。了解了万事万物都有其阴晴圆缺的时刻，便会以平常心对待自己所经历的一切，不以物喜，不以己悲。能够拥有一颗平常心，身体也不会受扰于情绪的压抑或波动并产生相应的反应——比如病变，由此进入身心安顿的状态。许多人试图在名利财富以及各种关系中寻找幸福，也毫无意外地屡战屡败。其实，身心安顿了，就是幸福。

律动原理在人们的日常生活中扮演着至关重要的角

色。至于是受其左右，还是成为律动之潮的弄潮儿，便是每个人自己的决定了。尽管赫尔墨斯教导已将认知宇宙规律、顺势而行的智慧呈现给我们，是否将这些智慧运用于日常生活中，依然是我们自己的自由意志。成事在天，谋事在人。

第十二章

The Book of Secrets

因果原理

有因必有果；有果必有因；一切事物的发生都遵循法则；"偶然"只是未被洞悉的法则的代名词；"因果律"有多个层面，没有任何事物能够逃避法则。

——凯巴林

# 第十二章　因果原理

第六个伟大的赫尔墨斯原理——因果原理——所蕴含的真理是，律则遍布整个宇宙，偶然并不存在。所谓的"偶然"只不过是说明人们并未认知或觉察到事物的缘起。世间万象是连续相接的，不存在间断，也没有例外。

因果原理是一切科学思想——无论是古代还是现代——的基础。很早以前，赫尔墨斯教导就对此有所阐述。从那时起，尽管众多思想学派之间形形色色的争论从未停休过，但这些争论主要都是关于这一原理的运作细节的，有些甚至是关于某些具体词汇的意义。而因果原理本身则得到了世上所有不负盛名的思想家的认可。否认它的话，就是将宇宙万象逐出"法则与秩序"的领域，将其归于某一假想事物或力量的控制之下，亦即人们所说的"偶然"。

稍微思考一下，我们就会看到，现实中根本不存在什么"纯粹的偶然"。英语韦氏词典对"偶然"这个词的定义如下："一种假想的原动力或活动模式，而非某一力量、法则或目的；这种原动力的运作或活动；这种原动力的假想效果；突然发生的事件；碰巧的事件；意外事件等等。"然而，略加思考，你就会发现，根本不可能存在"偶然"这种原动力，这种不受限于法则、超越因果的原动力。宇宙万象中怎么可能有独立于各种法则、秩序及其连续性之外的事物呢？如果真有这样的事物，那么它就必须完全独立于宇宙有序的大趋势之外，也因此凌驾于该大趋势之上。然而，除了一切万有之外，没有任何事物能够超越法则。而一切万有之所以能够独立于法则之外，只是因为它本身就是最根本的"法"。那些独立于法则之外的事物在宇宙中没有容身之地。此类事物的存在只会使得一切自然法则变得无效，使宇宙陷入混乱无序、毫无律则可循的状态。

仔细地审视一下，我们就会发现，所谓的"偶然"只不过是对不明原因的表达，那些我们未能觉察、无法理解的不明原因。英语中"偶然"这个词源自于一个意指"掉落"（比如骰子的掉落）的词，它的意思是，骰子的掉落（以及其他偶然发生的事件）只不过是偶然的发生，并没有任何原因。此乃这个词的惯常用法。然而，如果我们深入检视这一问题的话，就会看到，骰子的掉落绝非偶然。每一次骰子落下并显示出某一数字，它都遵从一定的法则。这一法则和致使行星围绕太阳公转的法则一样，都是确定无疑的。骰子掉落是有原因的，甚至是一系列原因，可以追溯到人类心智再也无法理解的程度。骰子在盒子里的位置、抛掷骰子时的肌肉力量、桌子的具体状况，等等，这些都是"因"，我们所看到的则是"果"。而且，

## 第十二章　因果原理

在这些可见的"因"背后，还有各种不可见的"因"，所有的"因"共同导致了骰子落下时所呈现的点数。

如果一个骰子被抛掷多次，我们便会发现，每个数字出现的次数基本是一样的。就是说，出现一点、两点直至最高点数的次数是相同的。向空中抛出一个硬币，它落地时要么是正面，要么是背面。而如果抛掷次数足够多的话，正面与背面向上的次数也大致是一样的。这是"平均法则"的运作。不过，多次抛掷的平均结果也好，单次抛掷也罢，都遵循因果原理。如果我们能够察知前因，就会发现，在同等条件与同一时刻，骰子不可能以其他方式落地。相同的前因导致相同的后果。任何事件都有其"原因"与"因为"。在没有任何原因，或者说一系列原因的情况下，就这么凭空发生了，这是根本不可能的。

有些人可能会对这一原理产生困惑，因为他们无法解释一个事物（thing）如何导致另一个事物的产生。就是说，一个事物怎么会是另一事物的"创造者"呢？事实上，没有一个事物能够导致或"创造"另一个事物，因果效应只关乎于"事件"（event）的发生。这里所谓的"事件"是指"作为某一前导事件的结果或后果而出现、到来或发生的事"。没有一个事件会创造另一个事件。每个事件都只是某一巨大有序的"事件之链"——它连续不断地从一切万有的创造能量中流出——的一个链节。所有前导、后续或随后发生的事件之间都具有连续性，所有业已发生的事件与随之发生的事件之间都存在着一定的关联。一块石头从山边滚落，砸坏了山谷中一间小屋的屋顶。第一眼看去，我们可能会将此看作是一个偶然事件，不过深入探察下去的话，就会发现这一事件背后的一系列原因。首先，下雨使支撑石头的土壤变得湿软，山石由此具备滑落的条件。这背后还有着更多的原因，比如太阳的影响，此前一次次落雨的影响等等，它们使岩石逐渐碎裂，由大变小。此外还有导致山的形成的各种原因，自然灾变致使山体隆起，等等等等，我们可以这样一直追寻下去。然后，我们还可以探寻降雨背后的各种原因……接下来还可以探讨屋顶的存在……一言以蔽之，我们很快就会发现自己深陷于因与果的巨网之中，而且很快就会迫不及待地挣扎着从中解脱出来。

如同一个人有父母双亲，四位祖父母，八位曾祖父母，十六位曾曾祖父母，如此上溯比如四十代，其先祖的数目就会有亿亿万万。同样，即使最微不足道的事件或现象——比如一粒灰尘从你眼前飘落——背后，也有着数目众多的

## 第十二章　因果原理

原因。追溯这粒灰尘的久远历史，比如它何时曾是树干的一部分，又何时化为木炭，如此等等，直到它飞过你的眼前进入另一次冒险之旅，这并不是一件容易的事。一个巨大的"事件之链"，因因果果，造成了它现在的状态。不仅如此，它目前的状态也是事件之链的一个环节，将会导致几百年后的一些事件。这粒微尘所引起的后果之一便是我们写下的这几行文字，接下来便是编辑人员所付出的劳动，以及印刷工人所进行的一些工作。这些文字会在你的思想中产生各种想法，在他人的思想中产生各种各样的想法，这些想法可能又会影响其他人，如此这般，不断地影响下去。其影响范围之广，远远超出了人们的想象能力。所有这一切竟然来自从你眼前飞过的一粒小小灰尘！这充分展示了事物之间的相关性与联合性，更验证了"根本不存在什么伟大与渺小，世间万相皆由心生"的事实。

让我们静静地认真想一想。假设在混沌的石器时代，某位男性并未遇到某位女性，那么，正在阅读这些文字的你们根本就不会存在。而且，如果这对男女未曾相遇，正在写下这些文字的我们也就不会存在。不仅如此，我们这一方的写作活动，与你们那一方的阅读活动，也不会影响到你们与我们各自的人生，更不会对现在以及未来的人们产生任何直接或间接的影响。我们的每一个想法、每一个行动都会导致直接或间接的后果，完全契合于因果之巨链的后果。

出于种种原因，我们并不打算在这本书中深入探讨自由意志或决定论。这其中的首要原因是，这两个相互对立的观点都不是完全正确的。事实上，根据赫尔墨斯教导，它们都只是部分地正确。极性原理表明，二者都只是"半真理"，是真理两个相对的极点。赫尔墨斯教导说，人既是自由的，又受限于"必然"，其程度取决于这些词汇的内涵，以及检视的高度。因此，古代的著作者如是说："受造物距离源头中心越远，所受的束缚越多；越接近中心，就越接近自由。"

大多数人都或多或少地受缚于传统与环境等，只表现出很少的自由。外在世界的意见、习俗与观念支配着他们，自身的情绪、感受与心境等左右着他们，根本做不到名副其实的"掌握与驾驭"。他们还愤慨地对此表示异议，反驳说："为什么这么说？我绝对是按照自己的兴致自由地行动与做事——我想做什么就做什么。"然而，他们却无法解释自己的"想做"与"兴致"又从何而来。是什么使他们"想做"一件事，而不是另一件事？什么使他们有"兴致"去做这个，而不是那个？他们的"兴致"与

## 第十二章　因果原理

"想做"就是毫无原因、无缘无故的吗？大师们能够将这些"想做"与"兴致"转化到心智极性的另一个端点，能够做到"有意志、有觉知地想做"，而不是仅仅因着某些感受、心境、情绪或外在影响而"想做"。

大多数人都像坠石那样受制于环境、外在影响、内在心境、渴望等等，更不用说那些比他们强大的人的愿望与意愿了。传统、周遭环境以及各种各样的建议与暗示主宰、左右着他们，而他们却没有一丝一毫的抗拒，也不施展自身的意志力。他们像人生棋盘上的卒子一样被挪来挪去，被动地扮演着自己的角色，游戏一结束便被弃之一边。而那些大师们则不然，他们熟知游戏的规则，将自己提升到高于物质生活的层面，与内在固有的更高力量保持连接，驾驭自身的情绪、性格、品质与极性，以及周遭的环境，并因此成为游戏中的棋手，而不是棋子；亦即成为"因"，而不是"果"。这些大师们不能逃避更高层面的因果关系，不过他们能够将自己调谐于更高的法则，从而掌控较低层面上的形势。因此，他们所做的就是有意识地融入法则，成为法则的一部分，而不是法则盲目、被动的工具。他们服务于更高的层面，在较低的物质层面上则占据支配地位。

然而，无论在较高还是较低的层面上，法则无时无刻不在运作。"偶然"并不存在。盲眼女神早已被理智废黜。现在，我们的双眼已被知识擦亮，已经能够看到，一切的一切都受制于宇宙法则，而且，形形色色、无以计数的法则都只是某一伟大终极法则的体现，这一终极法则就是一切万有。确实如此，一切万有将一切尽收眼底，连一只麻雀的掉落都逃不出它的觉察。甚至我们头上的头发都是有数的。正如圣典所言，没有任何事物能够存在于法则之外，没有任何事物能够与法则背道而驰。尽管如此，不要错误地以为人类只是盲目的自动机器——远非如此。赫尔墨斯教导说，人类能够运用较高的法则来克服较低的法则，而且可以一直一层层地向上提升——较高的法则总会胜过较低的，直至最终抵达"在终极法则中寻找庇护"的阶段，对宇宙万象中的各种法则发出一声嗤笑。你能理解这其中的内在意义吗？

## 译者注
### 偶然并不存在

因果，许多人都熟悉这个概念，也有不少人以"因果报应"的形式来理解它，为"因果"这个词或多或少地添

## 第十二章　因果原理

加了一抹或喜或忧的色彩。记得曾经看过一个笑话。一位信佛的老妇人对一位年轻男子说:"你千万不要再杀生,杀鸡来世变鸡,杀狗来世变狗。"男子回答说:"难不成得去杀人?"笑归笑,它却生动地展示了人们对因果的一种理解方式,线性的"报应",也因此会有人感到奇怪"这么好的人怎么就没有好报呢?"

"因果关系"随时都在起作用,我们每时每刻都因着自己的思想及言行举止的"因"创造着"果",心理、情绪、物质等层面上的"果",而这些"果"又成为新的"因"。也因此,我们需要随时觉察留意自己的所思、所想、所言与所行。而与此同时,我们的想法与言行又不是毫无原因、凭空而生的,它们是一系列"前导事件"的"果",是我们内心信念的"果",是宇宙运行规律的"果",是无数个"事件之链"交汇运作的"果",而且这些事件之链还处于各个不同的层面。想象一下,一个超级蜘蛛,织出了一个巨型立体蛛网,无数条蛛丝高高低低,纵横交错,形成一个个结点。而且这些蛛丝还是动态的,它们震颤着,飘舞着,随时准备因着某些结点的变化而寻找新的平衡。蝴蝶效应常常被用来形容表面上看起来微不足道的小事可能带来巨大的改变,而如果将上述的蛛网扩展到整个宇宙及其多个层面，与此宇宙蛛网相比，蝴蝶效应则略显单薄，不足以描述那种"牵一发而动全身"的磅礴气势。

　　正如蛛网所象征的，因果关系是多维立体的，而非简单的线性关系。这种因果也不是简单的"报应"，而是各种规律与循环联合作用的结果。而且它是中性的。是我们的信念、期望与思想为每一个"果"涂上了"正面"或"负面"的色彩，也是我们的信念、期望与思想决定了这个"果"（亦即新的"因"）又会导致什么样的新"果"。每一个人都是蛛网的一个结点，有意识或无意识地参与着整个"因果之网"的动态变化。任何事物的产生都依循一定的因果关系，正如赫尔墨斯教导所说："有因必有果；有果必有因"，换言之，没有无因的果，也没有无果的因，亦即宗喀巴大师所言"非缘起物犹如空花，故无无缘存在之物"。不仅如此，这种因果关系往往是一因多果，一果多因。蛛网上某个结点发生的变动，会直接导致多条蛛丝的变化——间接效果权且不提。当然，某一结点的变化也不仅仅取决于某条单一的蛛丝。宇宙中的一切万物都是相互联系、相互依赖、相互作用的，所以不能孤立、片面地看待发生在我们身边的事情。

## 第十二章　因果原理

日常生活中，人们也在某种程度上意识到这一因果之网的运作。比如公司制定决策时，往往会通过绘制利益相关者图来进行利益相关者分析。他们会先确定所有的利益相关者（个人、群体或组织），然后标出与他们之间的关系以及相关程度，从而分析该决策会带来的机遇与风险，以及可能的成效。这一利益相关者图其实就是一张简单的因果关系图。不仅公司制定决策如此，人们做出某些个人决定时，也会在心里盘算一下，在脑中画出一个利益相关者图：如果我这样做，他会怎样想，她又会如何反应，还有他她他……古人作战讲究天时地利人和，意指作战时的自然气候条件、地理环境与人心的向背。如果将"天时"扩展为宇宙运行规律，"地利"扩展为社会环境，"人和"理解成利益相关者之间的互动，这一"天时地利人和"也适用于现代生活中的各个面向。而所谓智者，就在于他们能够识别或创造出"天时地利人和"，并积极地利用这些成熟的时机，借势而行。当然，并非所有人都能够做到这一点，不少人恰恰相反，他们受缚于因果之网，"像坠石那样受制于环境、外在影响、内在心境、渴望等等，更不用说那些比他们强大的人的愿望与意愿了"。

既然偶然并不存在，一切都遵循一定的宇宙法则，那么想要避开某些法则的影响，就要认知这些法则，认知这一层面以及更高层面的法则，从而做到以较高层面的法则来克服较低层面的法则。本书的赫尔墨斯教导就为人们认知与了解宇宙法则提供了坚实的平台，或者说攀高的云梯。对于如何运用赫尔墨斯七大原理的讨论，也是在帮助人们摆脱各种外在因素与内在情绪的束缚，成为自己人生棋局的棋手，而非棋子。

　　关于因果，还有一个有趣的视点。迄今为止，人们对因果的普遍看法是，前因后果，亦即，"因"在先，"果"在后，"因"是"果"的过去，"果"是"因"的未来。这个有趣的视点是，未来是"因"，过去是"果"。宇宙万物都处于进化之中，向着某一目标发展。该目标就是"因"。比如一个孩童，他于内心深处、在潜意识层面上能够感受到，甚至知道自己长大后将要成为一位音乐家，也因此他很早便对音乐表现出浓厚的兴趣，登台演出时也会很快进入忘我的境界。他对学校的"重点科目"没有太大的热情，练起乐器来则乐此不疲，而且冥冥中仿佛有一股力量在支持他选择艺术学校，专修音乐，也有适合的老师在适当的时刻出现在他的生活中。用传统的观点来看，他的天才与勤奋导致了成为音乐家这个

## 第十二章　因果原理

"果"。而以这一全新的观点来看则是,"成为音乐家"这一存在于未来的"因"导致了此人对音乐的浓厚兴趣、对舞台的热爱、乐此不疲的演练、在艺术院校修习等一系列的"果"。此处提及这一观点,笔者并无意颠覆人们对于因果关系的传统观念,而是想要触碰一个关于选择的问题。一些人对自己真正想要做什么心存迷茫,社会上对于"成功"的定义、父母的期待、亲密伴侣的期冀甚至要求、来自于同龄群体的压力等等,这些外在因素使得人们很容易迷失自己,违背自己内心的愿望,殚精竭虑地去满足周遭环境的要求。假如内心愿望如柔美的小夜曲,各种外在影响则如嘈杂的噪音,使人们无法听到内心的呢喃。如何才能知道自己真正想要什么,而不是为他人而活呢?其中一个方法就是,跟从灵感,去小小地实践脑中冒出的愿望与计划。是的,无须立刻大规模地实施,甚至孤注一掷,从简单的事情做起即可。然后静静地感受自己在实施过程之中以及之后的感受,是喜悦盈心还是感到空虚?是毫不费力乐此不疲还是倍感疲惫且需要不断激励自己要善始善终?头脑会想出各种理由来为自己辩护,心却从不伪装。借由一颗没有评判与期待的心去感受自己的感受,就能够得出结论。既然兴趣浓浓、乐此不疲等都是"未来目标"这个"因"所造成的"果",那么,也就可以根据这些"果"来导出"因"——自己真正想要的未来。不仅如此,当你做的正是自己内心真正想做的事情时,你会发现,宇宙这位静默合伙人无时无刻不在佑助着你,以其湍湍不息的能量之流承载着你的人生之舟。

在结束本章之前,还有一个值得探讨的问题,那就是"断章取义"。"断章取义"意指不顾全篇文章或谈话的内容,孤立地取其中的一段或一句的意思。人们都知道断章取义有些偏颇,却也会时时在生活中做出类似于"断章取义"的事情。记得有这样一个故事。一位女士资助一位贫困的学童,每年都寄钱给他家人,供他上学。后来她发现自己寄出的钱被挪作他用,感到既伤心又失望,夜不成眠。她怨这家人背信弃义,怨自己傻,怨社会没落,想做善事却惨遭欺骗。过了一段时间,平静下来之后,她逐渐看到,当自己做出资助决定的时候,这个决定便是一个"因",会导致不同的"果"。除了接受资助的孩童快快乐乐地去上学这个"果"之外,还有其他的可能性,资助金被挪作他用也是其中之一。既然这个"果"其实也是当初那个"因"——自己的决定——所导致的,那自己也就没有权利去抱怨对方。此外,自己也没有权利要求对方按

## 第十二章　因果原理

照自己的意愿行事。任何人都没有权利要求他人按照自己的意愿生活，任何人都没有义务遵从他人的意愿生活。不过，是否继续资助对方的决定权则在自己手中。同时她也意识到，进行资助的时候，虽说做善事不能图回报，但她其实已经得到了回报，那就是由此所带来的满足感与归属感。于是，她不再抱怨，做出停止资助对方的决定后，心中的纠结也释然而解。一旦她学会更加全面地看问题，放下了"被对方欺骗"这种断章取义的看法后，她的失望与伤心也随之消失。不久以后，她开始以另一种方式实现自己想要帮助他人的内心愿望，毕竟捐款并不是唯一的助人方式。

在抱怨"他或她为什么对我这样"，忙着列出对方的"不好"之前，其实可以静静地想一想，设身处地地从对方的角度来感受一下。人们心中常常无意识甚至理所当然地用一个个期待或要求将对方罩住，既然你是我的什么什么人（老公、夫人、儿子、女儿、父亲、母亲、朋友、部下、上司……），就应该对我如何如何；我对你这么好，你就应该如何如何等诸如此类的期待与要求，将自己心中所期望的"因果之线"强加在对方身上。如果对方的反应不符合自己心中的"果"，便会失望、不满甚至愤怒。而如果能够将对方看作是因果之网上的一个结点，明了此结点的运动取决于各种因素，自己绝非对方唯一的"因"时，或许就不会因着对方的行为而升起拂之不去的负面情绪，任对方的行为主宰自己的心境。更进一步地说，如果能够觉察到自己的情绪虽然貌似因对方的行为引起，其实却真正源自于自己的信念与想法，并由此检视甚或改变自己的信念，便会在掌握自身情绪——而非受役于自身情绪——的道途上迈出关键的一步。

总而言之，在宇宙宏大且错综复杂的因果之网中，我们既非无辜的旁观者，亦非无助的受害者，而是拥有自主权的参与者。我们可以选择积极主动地参与其中，也可以选择被动地随波逐流，如一段漂木般，漫无目的地在岁月的河流中游移。无论如何，选择权就在我们自己手中。

偶然并不存在，既然你能够读到这些文字，便说明你心中有一个意愿，是你心中的意愿将这本书吸引到你的手中。这本书的出现也正是为了能够帮助你实现这一愿望，将赫尔墨斯的权杖呈现在你的眼前。你唯一需要做的就是能够不犹疑、不后悔、不欺疲地接过赫尔墨斯的权杖，带着令人坚强与安谧的信任与信心塑造自己的现实，主宰自己的人生。

第十三章

The Book of Secrets

**性别原理**

一切皆有性别;任何事物都有其阳性与阴性的面向;性别体现在所有层面上。

——凯巴林

## 第十三章　性别原理

第七个伟大的赫尔墨斯原理——性别原理——所蕴含的真理是，性别彰显于一切万物之中，阳性面向与阴性面向存在且活跃于宇宙万象的所有阶段以及生命的所有层面上。在这一点上，我们要提醒你们，赫尔墨斯哲学中的"gender"与大众所使用的词汇"sex"是截然不同的[1]。

"性别"（gender）这个词源自拉丁语，其拉丁语词根的意思是"导致、产生、引起、创造、生产"。略加思考，你就会发现，这个词的内涵远比人们通常所说的"生理性别"（sex）要丰富、宽广得多。我们所谓的"生理性别"仅指阳性与阴性生物之间的生理差别，只不过是"性别"在大物质层面的某一亚层面——有机生命所处的层面——上的体现。我们希望你们能够将二者的区别铭记在心。原因在于，一些对赫尔墨斯哲学一知半解的著作者将这第七个赫尔墨斯原理与那些狂乱、荒唐，也往往应受谴责的关于"生理性别"的理论与教义等同起来。

"性别"的职能完全是创造、生产、产生等等，它的运作与彰显在任何现象层面上都是清晰可见的。不过，可

---

[1] gender，性别，侧重于文化、社会中的性别概念；sex，性别，指人的生理性别。为了便于区分，将gender译为"性别"，将sex译为"生理性别"。——译者注

以说，科学为此提供的实证还不是很多，因为科学尚未将这一原理看作是适用于一切宇宙万象的理论。尽管如此，这一原理还是有一些科学依据的。首先，我们看到，粒子或者说电子等都明显地展示出性别原理。根据我们已有的科学知识，它们是构成物质的基础，借由一定的组合形式构成原子。而且直到最近，原子还被看作是不可分割的最小微粒[1]。

最新的科学观点是，原子由大量高速旋转、高频振动的粒子或电子等（不同的科学家们所使用的词汇各不相同）组成。而且，原子的形成是因为带负电的粒子围绕着带正电的粒子旋转。带正电的粒子似乎对那些带负电的粒子具有一定的影响，从而使后者形成特定的组合，并由此"创造"或"产生"了一个原子。这与古老的赫尔墨斯教导是一致的，它一直将性别的阳性面向等同于电极的"正极"，阴性面向等同于"负极"（人们所谓的"正"与"负"）。

在这一点上，我们需要进行一些说明。关于带电物体或带磁物体所谓的"负极"，大众对它的特性已经形

---

[1] 本书成书于1908年。——译者注

# 第十三章　性别原理

成了错误的印象。科学将"正"（Positive）与"负"（Negative）这两个词应用于这一现象的方式也是非常错误的。"正"这个词意味着"实"与"强"，与"负"这个词所蕴含的"虚"与"弱"相对应。这与电现象的真实本相完全不符。电池所谓的"负极"根本是产生或形成新形式，并由此显化能量的那个电极，与"负的"（Negative）这个词的内涵没有任何干系。如今，科学界最优秀的权威已经开始使用"阴极"（Cathode）来取代"负极"。"阴极"这个词源自希腊语，其含义是"下降，创化之路径等"。阴极释放出大量的电子或粒子，神奇的阴极射线在过去十年中不断地更新着人们的科学观念。阴极是众多奇异现象之母，这些奇异的现象使得过去的教科书变得毫无用处，也使得许多长期以来被普遍认可的观念遭到摒弃，落没于科学推测的废品堆中。阴极，或者说负极，是电现象的母性面向（Mother Principle），是科学知识范畴内最精细的物质形式。所以你看，在思考这一问题时，我们拒绝使用"负的"（Negative）这个词，而是坚持使用"阴性的"（Feminine）一词来取代它，是有其道理的。即使不将赫尔墨斯教导纳入考虑之中，上述事例也已证实了我们的观点。因此，在我们讨论此极时，将以"阴性的"取代"负的"这个词,亦即以"阴极"取代"负极"。

最新的科学理论认为,具有创造性的粒子或者说电子是阴性的(科学说它们"带负电",我们则说它们"具有阴性能量")。一个阴性粒子脱离——更确切地说离开——一个阳性粒子,踏上新的旅程。在"创造新的物质或能量形式"这一自然冲动的驱策下,它积极主动地寻找与阳性粒子的结合。有人甚至用这样的词汇来描述这一过程:"它带着决绝的意志,立刻开始寻找,一个新的结合"。这一脱离与结合的过程为化学世界的大部分活动奠定了基础。阴性粒子与阳性粒子的结合导致了某一过程的开始。阴性粒子在阳性能量的作用下高速振动,围绕着阳性粒子飞速旋转,一个新的原子由此诞生。新的原子确实是因着阳性粒子与阴性粒子——或者说电子——的结合而形成的,不过一旦这一结合体形成,该原子就是一个单独的个体,具有自身的特性,而不再显示出自由电子的特性。阴性的电子脱离或者说分离的过程,被称作"电离"。这些电子或者说粒子是自然界最活跃的劳作者。因着它们的结合或组合,出现了形形色色的现象,比如光、热、电、磁、吸引、排斥、化学亲合及化学排斥等等诸如

# 第十三章　性别原理

此类的现象。所有这一切都是因为性别原理在能量层面上的运作。

阳性面向所扮演的角色似乎是将某种内在能量导向阴性面向，从而激活创造的过程。不过，阴性面向永远是进行主动创造工作的一方，而且在所有层面上都如此。然而，没有另一方的佑助，二者均无法进行能量上的运作。在某些生命形式中，阴阳两个面向共存于同一个有机组织中。就此而言，有机世界中的一切都彰显为两个性别，阴性形相中总孕育着阳性能量，反之亦然。赫尔墨斯教导包含有许多关于阴阳两个面向的内容，阐述它们在产生与彰显各种能量形式——以及其他的形式——时所起的作用。我们认为在这里进一步讨论各种细节是没有意义的，因为我们无法为此提供科学上的证据。原因很简单，科学尚未发展到这种程度。不过，我们刚刚所举的关于电子或者说粒子的例子表明，科学正行进在正确的道途上。此外，这个例子也会帮助你们对阴阳两个基本面向有个泛泛的了解。

一些处于前沿的科研人员宣称，他们相信水晶的形成与相当于"性活动"的过程有关。这是展示科研风向的另一根麦秆。而且，每一年都会有新的科学发现来验证赫尔墨斯性别原理的正确性。人们将会发现，性别原理自始至终都一直运作、彰显于无机物的领域，以及能量或力的领域。如今，人们普遍认识到似乎一切能量形式都能够转化为电，"宇宙电性论"这一最新的科学理论也获得了越来越多的了解与认可。这意味着，如果能够在电现象——甚至这一现象的根源——中找到确凿无疑的证据，证明性别及其活动确实存在，我们就有理由请你们相信，科学终于证实了这一伟大的赫尔墨斯原理——性别原理——确实运作于一切宇宙现象之中。

此处没有必要占用你们的时间来讨论那些众所周知的现象，比如原子之间的吸引与排斥、化学亲合力、粒子之间的"爱与恨"，以及物质分子之间的吸引与黏聚。这些事实已广为人知，我们无须再对此进行额外的讨论。然而，你们是否想到过这一切都是性别原理的彰显？是否看到这些现象并无异于前述粒子或电子所经历的过程？此外，赫尔墨斯教导声称，万有引力——宇宙中任何粒子或物体之间奇妙的相互吸引力——只不过是性别原理的一个彰显而已，亦即，阴性能量吸引阳性能量，反之亦然。你们是否看到这一理论的合理性？此时，我们尚无法为你们提供该理论的科学依据。我们所能做的只是从赫尔墨斯教

# 第十三章 性别原理

导的角度来探讨这一问题,然后看看你们是否拥有比物理学更具说服力的假设与推论。认真检视一切物理现象的话,你们会发现性别原理在所有这些现象中都是显而易见的。

接下来让我们讨论一下性别原理在心智层面上的运作。那里有许多有趣的特点等待着我们去检视。

## 译者注
### 两性能量的共舞

万物皆有阴阳,"阴"与"阳"之间的关系虽然可以简单地用"相互依存、相互制约、相互转化"来形容,但其内涵却如浩瀚的星空,深邃、博大、宽广,无论讨论它在哪一个领域的运作与影响,都可以写出厚厚的一本书。

此处,仅仅简单地讨论一下璀璨星空中的一颗星:两性能量,亦即阳性能量与阴性能量,或者说男性能量与女性能量。自小到大,在文化传统的熏陶下以及周遭环境的影响下,每个人在心中都有意识或无意识地为男性与女性在社会与家庭中所扮演角色设定了各种有形或无形的框架,应该如何,又不应怎样等等诸如此类的要求与期盼充斥着头脑。这些条条框框演化成严格的规则与标准，不仅限制了人们的思维与行动，更成为评判、自责、内疚、羞愧、罪恶感等负面情绪的温床。

人们对于男性与女性角色的设定，与社会对待阳性能量和阴性能量的不同态度有着直接的关系。如赫尔墨斯教导所言，"任何事物都有其阳性与阴性的面向"，整个人类社会中流动着阳性能量与阴性能量，每个人之内也同时携带着阳性能量与阴性能量，并不是说男性仅仅携有阳性能量，女性仅仅携有阴性能量。阳性能量意味着理性、自立、勇气、行动力、目标明确的直线性运作方式等，是一种踏实坚定、灼灼闪耀、勇往直前的能量；阴性能量则意味着感性、直觉、聆听内心的声音、接纳与开放等，是一种轻盈、柔顺、细腻、敏感、具有同理心的能量。二者之间的平衡对于创造与保持内在及外在的和谐与融洽是至关重要的。

对于男性而言，如果其阳性能量过强，阴性能量受到压抑，那么他们往往会显得过于理性、过度依赖大脑思维，缺乏感受力，忽视自己的直觉，刻意去压抑自己的情感和感受，所谓男儿有泪不轻弹，（被迫）为自己戴上一副严肃、冷峻、强势的面具。他们对于表达自己的内心感

## 第十三章　性别原理

受感到不自在，难于与他人建立心与心的连接，甚至难于与自己的内心建立连接。于外在而非内在追求阳性能量、刻意"男性化"的女性，可能也会表现出上述特征。

阴性能量受到压抑，它对女性的影响更多是自我价值感的缺失，以及深度的不安全感。而从另一方面来看，无论男性还是女性，如果阴性能量过强，过于注重无条件地敞开与连接，没有内在阳性能量佑助的话，往往容易失衡，甚至失去自己。他们在与外在世界互动的过程中，难以设定界限，一味地给予与忍让，致使自身的能量渐渐流失，直至心力交瘁，往往需要很长时间才能重建充满活力与信任的生活。

在创造的过程中，阳性与阴性能量都是不可或缺的要素。创造自己心中想要的生活亦如此。尊重自身的阴性能量，聆听内心的声音，知道自己真正想要什么，以开放、柔和与连接的心灵能量与周遭世界互动。与此同时，也要运用自身的阳性能量来保护自己，明确地设定界限，敢于为自己挺身而出，对那些不适合自己的能量说不，敢于做自己，以自己的行动力——而非依赖他人，创造与实现自己想要的生活。

不言而喻，与周遭世界的互动本身便是创造个人实相、牵动因果之网的重要过程之一。许多人的烦恼也确实源自人际关系的问题。对于缺乏安全感的人而言，无论男性还是女性，如果能够信任自身的阳性能量，敢于运用自身的阳性能量来保护自己，内在的不安全感就会渐渐消失，也无须依赖他人，唯他人马首是瞻，任他人的意见、意愿与意志左右自己的思想、情绪与言行。与此同时，这一阳性能量也是在阴性能量的呵护下运作的，这样才会避免无谓的争执、攻击、暴力与伤害。因此，内在的阴阳能量平衡了，也就不会在与他人的互动过程中轻易地失衡。

　　如何融合两性能量呢？首先是觉察与觉知，带着开放与不评判的态度觉察自己的内在信念与外在行为。如果发现自己确实尚未做到阴阳能量的平衡，感到自己某一面向的能量受到压抑——比如感受到阴性能量备受压抑所造成的伤痛，不要因此而严厉地自责，也无须去评判可能升起的自责、失望、愤怒与恐惧等情绪，静静地观察它们，接纳它们，并问问自己这些情绪之后可能隐藏着哪些信念。不要忘了，一切都是心智的，一切皆由心生。而且，阳性能量与阴性能量只是极性不同而已，阳刚与阴柔之间并不存在明确的分界线，完全可以通过意志力这强大的振动能量来调谐二者之间的关系，使二者之间达到平衡。至于具

## 第十三章 性别原理

体的实施方法，本书阐述赫尔墨斯七大原理时所列举的方式与方法，都可以举一反三地用来平衡内在的阴阳能量，毕竟对应原理运作于宇宙的所有层面。而且每个人都可以在探索过程中找出最适合自己的方法。举例而言，如果感觉到自己的阴性能量备受压抑，可以随时利用出现在生活中的事件来试着与自己的内心建立连接，比如做决定时问问自己，这是不是我通过逻辑思考做出的决定，如果是的话，我的内心对此有何感受？心里感到轻松踏实还是不舒服？选择其实很简单，心安即是归处。如果发现自己的阳性能量受到压抑，在与人互动过程中，因为不敢（许多不愿、不肯其实是源自于不敢）说出自己的愿望，常常委曲求全，导致自己拥有的空间越来越小，倍感窒息，可以试着从很小的事情上做起，设定界限，并以言行明确地表明界限。试着与自己被压抑的那个面向建立连接，最初可能会感到比较困难，但只要不立刻放弃，循序渐进，就会发现，其实事情并非自己想象的那么难。毕竟这些能量都是与生俱来的，我们需要做的只是唤醒它们，或者说不再压抑它们。在这个过程中，觉知与想要改变的愿望是最重要的，并不存在"唯一正确"的方法。

在逐渐建立平衡的过程中，我们不仅会发现自己的变化，也会看到，我们生活中的人事物也在渐渐地随着改变。既然有了"内在阴阳能量平衡"这个因，诸多的"果"，比如安全感、生命热忱、内心的平衡与宁静、身体的健康、与外在世界的和谐互动等等，就是自然而然的。

------▲------

第十四章

The Book of Secrets

心智的性别

## 第十四章 心智的性别

那些追随关于心智现象的现代思想潮流的心理学学生，他们已经深受"心智二元性"之观点的影响。这一观点在最近的10到15年中获得了广泛的认知，并衍生出各种关于"二元心智"之本性与构成的，看上去颇为合理的理论。1893年，汤姆森·哈德逊（Thomson J. Hudson）提出了著名的"客观心智与主观心智"的理论——该理论认为每一个个体之中都存在着"客观心智"与"主观心智"两个心智，并因此而成名。其他一些著作者也因着他们关于"意识心智与潜意识心智"、"自主心智与非自主心智"、"主动心智与被动心智"等理论而获得同等的关注。他们的理论虽然各有特色，但基础原理是一样的：心智的二元性。

赫尔墨斯哲学的学生们看到或听到这些关于心智二元性的"全新"理论时，总会不由得微微一笑。每个思想学派都执拗地坚持着自己所偏爱的理论，都声称自己"发现了真理"。可是，只要学生们略微翻阅一下神秘学的历史，回到神秘学教导刚具朦胧曙光的时期，便会发现有关"心智层面上的性别原理"——亦即心智性别的显化——的古代赫尔墨斯教导。再继续探寻下去，他们还会发现，古代哲学已经认识到"二元心智"这一现象，并以心智性别理论来解释该现象。对于了解上述现代心理学理论的学生而言，只需寥寥数语就可以将"心智性别"解释清楚。心智的阳性面向相当于所谓的客观心智、意识心智、自主心智及主动心智等；而心智的阴性面向则相当于所谓的主观心智、潜意识心智、非自主心智与被动心智等。当然，赫尔墨斯教导并不赞同许多现代理论对"两个心智面向的本质"的阐述，也不承认它们所宣称的关于这两个心智面向的许多"事实"——其中一些理论与说法实在是过于牵强附会，根本经不起实践的检验。我们之所以指出赫尔墨斯教导与那些现代理论之间的相似之处，只是为了帮助学生们消化与吸收自己从赫尔墨斯哲学教导中所获得的知识。哈德逊的学生们会注意到，他在《心灵现象的法则》（The Law of Psychic Phenomena）第二章的起始便说："赫尔墨斯哲学的神秘教导展示了同样的观念"，亦即，心智的二元性。如果当时哈德逊博士花点时间和精力去稍微了解一下"赫尔墨斯哲学的神秘教导"的话，他可能会获得更多的关于"二元心智"的洞见。不过，如果真是这样的话，他的这部书——他所有作品中最为有趣的书——或许也就不会问世了。现在，让我们一起来探讨关于心智性别的赫尔墨斯教导。

## 第十四章 心智的性别

传播赫尔墨斯思想的老师们就这一主题进行指导时,会邀请他们的学生检视自己关于"自我"(self)的认知。学生们被要求走向内在,关注内在的那个"自我"。在老师的指导下,学生看到,他的意识首先会觉察到"自我"的存在——"我是"[1]。最初,这似乎是意识所能观察到的一切。然而,进一步检视的话,便会发现,其实这一"我是"是可以被分成两个性质不同的部分或面向的。尽管它们协和一致地共同运作,却依然可以在意识上将它们分开。

虽然第一眼看上去似乎只有一个"主我"(I)存在,但透过更细致、更深入的检视我们会发现,其实存在着一个"主我"(I)和一个"客我"(Me)。这对心智双胞胎无论在特性还是本质上都是不同的。透过检视它们的本质与表现,我们就能够更好地理解涉及心智影响的各种问题。

让我们先来探讨"客我"。不进一步探索意识深处的话,学生们往往将其与"主我"混为一谈。一个人往往认为他的"自我"("客我"这一面向)由感受、品味、喜

---

[1] I Am,或者说"我在"。——译者注

好、厌恶、习惯、癖好与性格等组成，认为这一切构成了自己的人格特质，或者说自己或他人心目中的"我"。他知道这些感受或情绪会变，会升起然后消失，遵从律动原理与极性原理——它们把他从感受的一个极端带到另一个极端。此外，他也将"客我"看作是自己头脑中的知识的集合，将这些知识看作是自己的一部分。此为"客我"。

不过，仅仅这样来描述"客我"有些简单草率了。可以说，许多人的"客我"主要由他们对自己的身体及物质爱好等的意识构成。他们的大部分意识都束缚在自己的身体特性上，聚焦在有形层面上。有些人则陷得更深，他们甚至认为穿着打扮也是自己的"客我"的一部分，竟然真的认为这是自己的一个构成部分。一位作家曾经幽默地说："人由三部分组成——灵魂、身体和衣服。"对于这种极具"衣着意识"的人来说，如果他们因海船失事在荒岛上被野蛮人剥去衣服的话，也就同时失去了自己的个性。即使那些不这么受缚于衣饰的人，也坚信自己的身体就是自己的"客我"。他们无法想象或理解那个独立于有形身体而存在的"自我"。在他们看来，头脑从属于身体，是身体的一部分。在许多情况下，也确实如此。

不过，如果一个人能够在意识成长的阶梯上将自己提

## 第十四章 心智的性别

升到某一程度,就能够将"客我"与自己的身体观念分开,将身体看作是"从属于"心智的一个部分。尽管如此,他依然会轻易地将自己的"客我"等同于自己于内在感受到的精神状态与情绪等。他很容易地就认为这些内在状态等同于自己,而不仅仅是自己的某部分心智于内在所创造出来的"产物"。它们确实是他的内在状态,也存在于他之内,但它们并不等同于他。渐渐地他会看到,他可以借由意志力来改变这些内在的感受状态,也可以借由意志力创造出性质截然不同的感受状态——虽然他依然拥有同一个"客我"。久而久之,他能够将自己各种各样的心智状态、情绪、感受、习惯、品性、性格以及其他那些个人心智属性都搁置一边,将它们归类于虽珍奇但也是累赘的"非我"(not-me)收藏品,就像贵重物品那样。对于学生而言,这需要相当的心智专注力与心智分析能力。尽管如此,那些优秀的学生是能够做到这一点的。即使尚未抵达这一程度的学生也能够通过想象看到可以如何进行这一过程。

完成了这一"搁置"过程后,学生会意识到"自我"拥有两个面向,亦即"主我"与"客我"。他会觉得,"客我"是一种心智上的东西,各种思想、念头、情绪、感受以及其他心智状态都产生于此，我们可以将其看作是"心智子宫"——古人如此称呼它，能够产生心智的后代。"客我"具有创造与产生各种各样的心智后代的潜能，具有极强的创造能量。尽管如此，它似乎也意识到，它必须先从自己的亲密伙伴"主我"或者其他人的"主我"那里获得某种形式的能量才能够实现心智创造。这一认知使其能够将自己进行心智工作的卓越能力与创造力付诸实践。

不仅如此，学生很快就会发现，这并不是他内在意识探索之旅的终点。他发现，还存在着一个心智上的"东西"，它不仅能够运用意志使得"客我"沿着特定的创造路线进行创造，而且还能够站在一旁见证这一心智创造过程。学生被教导说，他可以将自己的这一部分称作"主我"。他能够尽情地探索"主我"这部分意识，并会发现，这不是一个有能力进行创建或主动创造——意指心智运作的渐进过程——的意识，不过它能够将能量从"主我"投射到"客我"——运用意志力来激活与启动心智创造的过程。他还会发现，"主我"能够站在一边，以旁观者的身份见证"客我"进行心智创造。每个人的心智都由这两个面向构成。"主我"代表心智性别的阳性面向，

## 第十四章 心智的性别

"客我"则代表其阴性面向。"主我"代表存在之面向,"客我"代表成为之面向。你会注意到,对应原理也运作于这一层面,正如它运作于进行宇宙创化的大层面一样。尽管二者在程度上有着很大的不同,但在类型上却无甚差异。"其下如其上,其上如其下。"

如果我们将心智的这两个面向,阳性面向与阴性面向,或者说"主我"与"客我",与众所周知的心智或心灵现象联系在一起考虑的话,就会获得一把金钥匙,以开启"心智的运作与彰显"这一人们并不真正了解的领域的大门。心智性别原理揭示了心智影响等现象的整个领域的真相。

阴性面向一直具有"接收外在影响"的倾向,而阳性面向则总是倾向于给出或表达。相对于阳性面向而言,阴性面向拥有更加丰富多彩的运作领域。阴性面向的工作是创建与产生新的想法、概念与主意等,也包括想象。阳性面向则满足于在各个阶段中借由意愿或意志来做工。尽管如此,没有阳性面向的意愿或意志这一积极主动的帮助,阴性面向可能会满足于"因着外在影响而产生心智影像",而非实现独特的心智创造。

能够持之以恒地专注于某一主题或事物的人,在其心智创造过程中积极主动地利用上述两个心智面向。阴性面向用于心智创造,而阳性的意愿或意志则用于刺激与激发极具创造力的那部分心智。大部分人很少真正地运用自己的阳性面向,满足于依循他人之"主我"灌输给自己之"客我"的想法与观念生活。此处,我们并不打算深入探讨这个问题,因为你们完全可以在那些优秀的心理学书籍中学到这一点,不过学习过程中一定不要忘记运用我们刚刚赋予你们的关于心智性别的金钥匙。

研习"心灵现象"(Psychic Phenomena)的学生对于心电感应、传心术、心智影响、暗示、催眠等各种神奇现象都有所了解。许多人也试图运用"心智二元论"的教师们所传授的种种理论来解释这些形式各异的现象。从某种意义上讲,他们是对的,因为这些现象确实明确地体现出两种截然不同的心智活动。然而,思考"二元心智"时,如果这些学生能够以关于"振动与心智性别"的赫尔墨斯教导为指导,他们就会发现,自己长期以来苦苦寻觅的钥匙其实就在手边。

从心电感应这一现象我们可以看到,阳性面向的振动能量是如何被投射到他人的阴性面向,后者继而接受这一"种子想法",并允许它发芽成长,直至成熟的。暗示与催眠的运作原理也无异于此。给出暗示的那个人的阳性面

## 第十四章 心智的性别

向将一股振动能量或意志力导向另一个人的阴性面向，接收方则将其化为己有，并落实到思想与行动中。如此这般，来自他人的想法在接收者的心智中成长发展，随着时间的推移，最终被看作是接收者本人的心智产物。而实际上，这就像是被置于麻雀巢中的杜鹃蛋，它将麻雀的后代摧毁，将麻雀巢占为己有。正常的方式本是，心智的阳性面向与阴性面向和谐地互相配合，协同运作。然而，令人遗憾的是，一般人的阳性面向过于懒惰，不愿行动。就是说，极少展现自己的意志力。结果便是，这样的人几乎完全受控于他人的心智与意愿，允许他人替自己思考，替自己决定什么是自己想要的。这些人的创新思想与活动可谓是少之又少。大部分人都仅仅是那些意志或心智强于他们的人的影子与回声，难道不是吗？问题在于，大众往往集体留居在自己的"客我"意识中，并未看到自己也拥有"主我"这一面向。他们将自己极化到心智的阴性面向，允许自己的阳性面向——意志居于其中——处于倦怠、不作为的状态。

无论男性还是女性，世上的强者都无一例外地彰显了"意志"这一阳性面向，他们的强大在相当程度上取决于这一事实。他们不会依循他人对自己施加的心智影响而活，而是运用自身的意志来驾驭自己的心智，以获得自己想要的心智影像。不仅如此，他们也采用同样的方式来支配他人的心智。请看一看那些强大的人，他们能够将自己的"种子想法"植入大众的心智中。由此，那些平民大众的想法完全符合这些强大的个体的愿望与意志。这也是为什么大众如绵羊一般，从不创造属于自己的独特想法，也不运用自身的心智活动力。

在我们的日常生活中，心智性别的彰显随处可见。有吸引力的人正是那些能够运用自己的阳性面向，将自己的想法植入他人心智的人。能随意使人或悲或泣的演员也运用了这一原理。那些成功的演讲者、政治家、布道者、作家或者其他一些能够吸引公众注意力的人亦如此。某些人对他人施展的特殊影响也是心智性别借由上述振动方式的显化。性别原理中蕴藏着个人吸引力、个人影响及魅力等奥秘，被归类于"催眠"的各种现象也可以从中找到解释。

对所谓的"心灵现象"有一定了解的学生会发现某一力量在这些现象中所扮演的重要角色。科学将其称作"暗示"，意指将一个意念传送到或"印刻"于另一个人的心智，使后者遵照自己的意愿而行动的过程或方法。只有正确地理解什么是"暗示"，才能领会以"暗示"为基础的

# 第十四章 心智的性别

形形色色的心灵现象。不仅如此,研习"暗示"的学生还必须要了解关于"振动"与"心智性别"的知识,因为"暗示"的运作原理完全建基于心智性别原理和振动原理。

探讨"暗示"的著作者与教师们习惯性地解释说,"客观心智"或"自主心智"对"主观心智"或"非自主心智"进行"印刻"或者暗示。不过他们并未详细地描述这一"印刻"或暗示的过程,也没有举出自然界中的实例以帮助人们了解这一观点。参照赫尔墨斯教导来思考这一问题的话,你们会看到,运用阳性面向的振动能量来促进与加强阴性面向,这与宇宙自然法则是完全一致的。自然界中存在着数不胜数的例子,它们都能够帮助人们理解这一原理。事实上,赫尔墨斯教导指明,宇宙本身的产生与创造也遵循同一原理。而且,在所有的创造性活动中,无论是精神、心智还是物质层面上,都有性别原理——阳性面向与阴性面向的彰显——运作其中。"其下如其上,其上如其下。"不仅如此,一旦我们掌握了心智性别原理,各种各样的心理现象就会立刻变得既清晰又有条理,能够被我们理性地归纳与研究,而不再属于模糊、昏暗无解的领域。该原理也完全适应于人们的实际生活,毫无捉襟见肘之处,因为它是以永恒不变的宇宙生命法则为基础的。

此处，我们不再进一步深入讨论或描述各种心智影响现象或者说心灵活动。最近这些年来，关于这一主题的书籍已不在少数，其中不乏优秀的著作。这些书籍所陈述的主要事实都是正确的，尽管其中一些作者试图用自己所偏爱的理论来解释这些心灵现象。学生会逐渐对此有所了解。而且，借由运用心智性别理论，他能够从众多混乱不清、互相矛盾的理论与教导中整理出清晰的思路。不仅如此，如果他愿意的话，还能够成为这一领域的大师。本书的目的并非详尽地解释各种心灵现象，而是赋予学生一把万能钥匙，助其开启自己想要探索的知识殿堂的任一扇门。我们觉得，在这本探讨凯巴林教导的书中，人们会找到能够澄清许多困惑的解释，亦即一把开启多扇门的钥匙。既然我们已经提供给学生一个工具，助他了解这一主题下他所感兴趣的任何问题，再详细探讨心灵现象与心智科学的各种特点又有什么用处呢？在凯巴林教导的帮助下，人们可以重览任何奥秘文库，古埃及的远古之光会照亮无数晦暗的书页与含糊的议题。这正是本书的目的。我们不是来讲述一门新的哲学，而是重述某一伟大古老教导的要义。它能够澄清许多其他的教导，使它们变得清晰易懂；它能够调和差异，融合各种不同的理论与相互对立的学说。

# 第十四章 心智的性别

## 译者注
## 阳光和苹果树

一棵幼小的苹果树苗略显孱弱地站在那里。温暖的阳光洒在它身上,这是它最基本的生活条件之一。苹果树知道,只有在有光的条件下,它才能够生长、发育、开花、结果,进入健康茁壮、硕果累累的丰盛状态。苹果树与阳光,就像心智的阴性面向与阳性面向。苹果树是创造者,它利用阳光的能量进行光合作用,获得所需的养分,以进行成长与创造。阳光是见证者,它给予苹果树以能量,并站在一边,以旁观者的身份见证苹果树进行创造。阳光本身不会造出苹果,但它能够激活与佑助苹果树的创造过程,促成苹果的产生。没有阳光,苹果树不会成活与成长,更别说结出果实;没有苹果树,阳光也无法直接制造出苹果。二者都是创造过程中不可或缺的因素。

希望这个简单的类比能够助人对心智的两个面向——阳性面向与阴性面向,主我与客我——以及它们之间的关系豹窥一斑。每个人都有自己的阳光与苹果树,亦即意志强大的主我和潜力无穷的客我。如果"主我"与"客我"中任何一方处于消极、沉睡的状态,或者说阳性面向与阴性面向不平衡，那么这种不平衡也会毫无疑问地彰显于日常生活中。"奇怪，我怎么糊里糊涂地就听了他的话呢？奇怪，好像他能够左右我的意志似的。她为什么任他来决定自己的一切？"可能许多人都曾经在内心问过自己诸如此类的问题。关于心智性别的赫尔墨斯教导为这些疑问提供了答案：阳性面向的运用。举例而言，当一个人自己的"主我"不够强大时，就会依赖他人的"主我"，希望他人告诉自己"我需要什么？我这样做对不对？我该如何做？"等等，不断地在他人那里寻找肯定与认可，甚至任由他人主宰自己的思想与人生。这种主我的"萎缩"在日常生活中并不少见。比如自小生活在强权家庭中的孩子长大后往往懦弱、缺乏主见（另一种极端则是爆发：反抗、离家出走、与父母断绝关系等）。从孩提时代起，他们的自由意志便被扼制，过着仰父母鼻息的生活。他们的"主我"一直处于受压抑、不作为的萎缩状态，得不到发展。长大成人后，即使父母不在身边，他们也往往会寻找其他人的"主我"来为自己"拿主意，想办法，做决定"，在社会中、工作上、私人生活中都扮演着"被支配"的角色。

主我不够强大的另一个表现是缺乏行动力。正如赫尔墨斯教导所说："没有阳性面向的意愿或意志这一积极主动的

## 第十四章 心智的性别

帮助,阴性面向可能会满足于'因着外在影响而产生心智影像',而非实现独特的心智创造。"看到一部部感人肺腑的好电影,心想,我将来也要当个编剧或导演;看到某些地方美奂绝伦的风景图片,对自己说,我也要去那里一游。看到别人在某一领域大获成功,心中冒出"我也要试一试"的念头。然而,各种各样的想法虽多,却都因为缺乏意志力与行动力而停留在"心智影像"的状态,不了了之。正如苹果树的成长、开花与结果自始至终都需要阳光的滋育,想要创造自己渴望的生活,也必须一直以"改变现状,把握自己生活"的愿望为动力,否则的话,具有卓越创造能力的客我也可能会留驻在"梦想"与"想象"的阶段。处于这种状态的人,不仅不以实际行动来支持并实现自己的愿望,甚至会为自己的倦怠编造出各种各样的借口,使其合理化,以掩盖内心深处升起的不适感——比如不安、惭愧等。这也是为什么许多心灵教导、心理辅导、个人或企业培训等都强调意愿或者说意志力的重要性的原因。缺乏意愿或意志力,就像缺少阳光的苹果树,纵使具有结出苹果的天赋,具有进行光合作用的潜能,也难以形成花芽,红润饱满的苹果只是潜在的可能性,无法真正成为现实。

从另一个角度来看,"主我萎缩"并非塑性变形(物体在外力作用下产生形变，若过了一定的限度，即使外力撤除后也不能恢复原状的物理现象），如果这个人觉知到自己的主我正处于萎靡状态，并拥有改变现状的强烈愿望（此时主我已经踏上苏醒并变得强大的旅程，因为愿望或者说意志力正是主我的体现），再加上一定的练习，他就能够一步步地走出"主我萎缩"的状态，就像通过锻炼能够治疗肌肉萎缩一样。至于提高意志力或行动力的具体方法，讨论这一主题的书籍与资料数不胜数，此处不再赘述。

创造过程中，阴性面向的贡献同样是必不可少的。阳光固然重要，但开花结果的毕竟是苹果树本身。阳光再强，养分再充足，梨树上也不会结满苹果。也因此，如果想要收获苹果，首先就要选对树苗。现实生活中，无论是工作伙伴或生活伴侣，还是公司聘用人员，最初的选择都是极其重要的第一步。许多人在做出选择时，虽然内心知道对方并非适合人选，但还是因着种种原因，抱着"我能够改变他或她"的想法，选择了对方，并由此踏上了"努力让梨树苗结出苹果"的漫长又艰辛的旅程。问题是，即便花费再多的心血，运用再先进的农业科学技术，最多也只能培养出"像苹果"的梨。

许多人心中都有一个甚至更多的"扶不起来的刘阿

## 第十四章 心智的性别

斗"。事实是,每个人都有自己的特长,梨树的潜能与天赋是结出梨子,苹果树的特质与专长是结出苹果。如果非将收获苹果的愿望寄托于梨树,就会将创造力本同样强大的梨树变成苹果树中的阿斗,反之亦然。即使意愿再强,也是事倍功半。因此,与其抱怨对方实在是"扶不起来",不如先试着了解对方,看看对方的兴趣与天赋(一般来说,兴趣与天赋是如影随形的双胞胎)所在,然后再看一看对方"不精进"的原因是什么,是对方的主我处于萎靡状态,还是自己在"赶鸭子上架"。这也同样适用于自己,如若惭愧自己有负众望(或某人之望),或许可以进行一下自我觉察,看看是自己的主我萎靡,还是自己违背内心的愿望,为了获得社会与他人的认同,正在勉强自己做着根本没有兴趣与热忱的事情,并因此而对症下药。

正如本章前面所言,心智影响领域的一切现象都可以借助关于"振动与心智性别"的赫尔墨斯教导找到解答。一言以蔽之,心智影响就是一个人的阳性面向将一股振动能量投射到他人的阴性面向,"接收方则将其化为己有,并落实到思想与行动中"。这种振动能量并非无坚不摧,与其产生共鸣是需要一定条件的。换个角度看,这是可以屏蔽的。催眠师之所以能够成功地催眠,接受催眠的人对他的信任与开放是最为关键的因素，否则的话，他可能都无法将被催眠者带入催眠状态，更别说"支配"被催眠者了。一个人之所以能够主宰另一个人的意志，与被主宰人的容许与纵容是分不开的。一般来说，人们往往在能够"共鸣"的人那里失去自己的主我，比如自己所崇拜的人，那些各种各样的权威与大师们。同样常见的还有双方观念存在共鸣的人。举例而言，A认为"我是B的什么什么人，B就应该听我的"；B认为"A是我的什么什么人，我就应该听A的"。这种任由自己的阴性面向受他人的阳性面向左右的情况，在上下级、伴侣、亲子关系中比比皆是。无论如何，认为他人——比如父母、伴侣、老板等——在控制自己的思想，怨社会，怨他人是没有用处的。重要的是自我觉察，看看自己如何又在哪些面向任由各种外在的思想、信念与意愿毫不困难地进入自己，毕竟你——而且只有你——才是自己的主人。一个阳性面向处于活跃状态的人，或者说主我强大的人，是不会任他人主宰自己的意志的，更无需用愤怒以及过激的言行来捍卫自己。因着内在的平衡，他们宁静安详，云淡风轻，待人处事不卑不亢，轻松、沉稳、自信地行走于人世间。

第十五章

The Book of Secrets

赫尔墨斯格言

仅仅了解知识却不加以应用,就像是将贵金属存储起来一样,是徒劳与愚蠢之事。知识,正如财富,只有使用才有价值。"使用法则"极具普适性,不遵从这一法则的人将因其违背自然力量的行为而受苦。

——凯巴林

# 第十五章　赫尔墨斯格言

由于我们业已说明的原因，赫尔墨斯教导一直被安全地锁在一些有幸掌握这些知识的人的头脑之中。尽管如此，将其秘密地隐藏起来绝非初衷。"使用法则"自始至终都贯穿于赫尔墨斯教导中，上述的凯巴林引言就铿锵有力地强调了这一点。那些未经运用与付诸实践的知识是空洞无益的，不会为其拥有者或者人类带来任何好处。要警惕心智上的吝啬，将自己所学到的知识付诸行动。在学习格言与警句的同时，也要将他们运用于实践。

下面我们列出了一些重要的赫尔墨斯格言，并逐条进行了简单的诠释。请将它们化为己有，并不断地实践与运用它们。因为只有你真正地运用了它们，它们才会为你所有。

要想改变自己的心境或心智状态，就要改变自己的振动。

——凯巴林

人们能够运用意志力，借由将注意力沉稳地聚焦在自己所希望的状态上来改变自己的心智振动。意志力指引注意力，注意力则改变振动。运用意志力来修习"专注的艺术",也就解开了"驾驭情绪与心智状态"的奥秘。

若要改变不理想的心智振动频率,可以运用极性原理,将注意力集中在与自己想要摆脱的心智状态相对立的极点上。借由改变极性,可以消除自己不想要的心智状态。

——凯巴林

这是最重要的赫尔墨斯术法之一。它具有坚实的科学依据。我们已经展示给你们看,一种心智状态及其对立面只不过是同一事物的两个极点,可以借由心智转化艺术来改变它们的极性。一些现代心理学家也了解这一原理,他们运用这一原理,指导学生借由将注意力集中在相反的品质上来改变自己的不良习惯。如果你恐惧缠身,请不要将时间浪费在"消除"恐惧上,而是要培养自己的勇敢品质,如此这般,恐惧自会消失。有些著作者使用"黑屋"的例子形象地描述了这一观点。你无需将黑暗"铲出"或"扫出"屋子,只要打开窗棂,让光泻入,黑暗便消失不再。同样,想要消除某一负面品质,就要将注意力集中在该品质的正极点上,渐渐地,

# 第十五章 赫尔墨斯格言

负面振动会逐渐转为正面振动,直到你最终脱离负极点,极化到正极点上。反之亦然,许多人悲伤地发现,如果他们任自己长久地徘徊在事件的负极点上,确实会出现负向的极化。借由改变极性,便可驾驭自己的情绪,改变心智状态,重塑自己的性情与个性。那些赫尔墨斯大师们之所以能够驾驭心智状态,也主要归功于对极性原理的运用,这是心智转化艺术的一个重要面向。请谨记我们之前引用过的赫尔墨斯格言:

> 心智(以及金属与元素)是可以转化的,从一种状态到另一种状态;从一种程度到另一种程度;从一个状况到另一个状况;从一种极性到另一种极性;从一种振动到另一种振动。真正的赫尔墨斯转化是心智的艺术。
>
> ——凯巴林

掌握了极化艺术,也就掌握了心智转化艺术或者说"心智炼金术"的基本原理。一个不懂得如何改变自身极性的人,也没有能力影响周遭的环境。了解了极性原理,再投入一定的时间与精力去学习与实践,以掌握极化艺术,便能够改变自身以及他人的极性。这一原理真实不虚，不过其成效则取决于学生是否能够坚持不懈地修习下去。

运用极化艺术便能够中和律动。

——凯巴林

正如我们在前面章节所描述的，赫尔墨斯主义者认为，律动原理既彰显于心智层面，也彰显于物质层面。心境、感受、情绪等心智状态那令人困惑的演替都是因为心智摆锤的前后摆动，它将我们从一个感受极端带向另一个极端。赫尔墨斯教导还说，中和法则能够帮助我们在很大程度上克服律动在意识层面上的影响。正如我们所诠释的那样，意识层面可分为较高的意识层与较低的普通意识层。大师们借由将自己在心智上提升到较高的层面，引起心智摆锤在较低层面上的彰显，而他自己则安处于较高层面上，避开摆锤回摆的意识。实施过程是，他将自己向"高我"极化，并由此提升"自我（ego）"的心智振动，使其超越普通的意识层面。这就像是凌空跃起，任某一物体从脚下随意穿过一样。赫尔墨斯大师们能够将自己极化至"存在（being）"之正极点——亦即"我是（I

## 第十五章 赫尔墨斯格言

Am）"之极点，而非"人格（personality）"之极点。借由"拒绝"或"不接受"律动的影响，他们使自己超越律动所运作的意识层面，岿然不动地处于"存在"的状态，任摆锤在较低层面上回落，而不会因之改变自己的极性。任何具有一定自我掌控能力的人都能够做到这一点，无论他是否理解这一律则。这些人"拒绝"随着情绪与感受的摆锤回摆，并凭着坚定的信念——坚信处于正极点的优越性——将自己极化在正极点上。当然，大师们对此更加精通，因为他们了解运作于较低层面的法则，并且能够运用较高的法则来克服较低的法则。他们借由意志力所达到的心智平衡与稳固程度，在那些任由自己随着情绪与感受的心智摆锤荡来荡去的人们心中，是超乎想象、难以理解的。

无论如何，请永远不要忘记，你并无法消除律动原理，因为它是坚不可摧的。克服一个法则的方法只是，运用另一个法则来平衡它，亦即，保持某种平衡。平衡法则既运作于物质层面，也运作于心智层面。了解平衡法则的人似乎能够颠覆各种法则，其实他只是施加了一个平衡力而已。

> 没有任何事物能够避开因果原理。不过，存在着许多层面的"因"，人们能够运用较高层面的法则来克服较低层面的法则。
>
> ——凯巴林

因为理解了极化艺术的实际运作，赫尔墨斯主义者能够将自己提升到更高的因果层面，平衡掉较低因果层面上的法则。在某种程度上讲，借由超越普通的因果层面，他们自己成为"因"，而不再是"果"。他们能够驾驭自身的情绪与感受，且具有中和律动——我们在前面章节中对此有所描述——的能力，因此，他们能够避开因果律在普通层面上的大部分影响。而普通大众则大多随波逐流，服从于周遭环境、比自己强大的人的意志与愿望、传统习俗、外界建议或暗示等来自外在的"因"，像卒子那样被动地在人生棋盘上移来移去。而赫尔墨斯主义者则能够超越上述外因，寻找更高的心智活动层面，借由驾驭自己的心境、情绪、冲动与感受，他们为自己创造出新的性格、品质与力量，并由此克服周遭环境的影响，成为握有主动权的棋手，而非棋子。这样的人主动参与生命棋局的演绎，而不再受控于更强

## 第十五章　赫尔墨斯格言

的影响、力量与意志,被它们挪来挪去。他们主动运用因果原理,而非被其利用。当然,层次再高,也要遵从因果原理,因为它彰显于各个层面。然而,在较低的活动层面上,他们是主人,而非奴隶。正如凯巴林所言:

> 睿智之人服务于较高层面,主宰较低层面。他们遵从来自于较高层面的法则,而在他们自己所处的层面,甚或更低的层面上,他们则是"发号施令"的主宰者。如此这般,他们将自己融入原理,成为原理的一部分,而不是与其对抗。智者与法则保持一致,借由了解法则的运作,他们运用法则,而不做法则盲目的奴隶。就像技艺精湛的游泳者,他在水中随心所欲、自由自在地游来游去,不做随波逐流的木头。这也是智者与凡夫之间的区别。尽管如此,游泳者与木头,智者与愚人都需遵从法则。了解这一点的人正走在通往"驾驭"的正确道途上。
>
> ——凯巴林

最后,让我们再重温一下这句赫尔墨斯格言:

真正的赫尔墨斯转化是心智的艺术。

——凯巴林

在上述格言中,赫尔墨斯教导指出,影响周遭环境的伟大工作是通过心智力量来完成的。宇宙完全是心智的,也因此,只有借由"心智力(mentality)"才能驾驭它。20世纪初所有那些引起诸多关注与研究的心智现象以及各种心智力量的显化都可以在这一真理中找到解释。多年来,各个门派与体系的教导都毫不例外地以"宇宙之心智本质"这一原理为基础。既然宇宙在本质上是心智的,那么"心智转化"必定能够改变宇宙的状态与现象;既然宇宙是心智的,那么"心智"必然是改变宇宙万象的最高力量。领会了这一点,所有那些所谓的"奇迹"与"神奇之作"也就毫无神秘可言了。

一切万有乃为心智,宇宙是心智的。

——凯巴林

## 第十五章　赫尔墨斯格言

## 译者注
## 心智炼金术

　　最后这一章将一颗颗晶莹璀璨的珍珠串成了项链。赫尔墨斯七大原理既单独成章，又息息相关，对它们的综合运用是最为有效的"心智炼金术"。正如本章开头所言，知识，只有予以应用才有价值。本书的每一个读者都可以根据自己对赫尔墨斯教导的理解，探索出最适合自己的心智炼金术。这本书只是将赫尔墨斯智慧的力量权杖呈现在人们面前，至于如何运用，便是仁者见仁，智者见智了。毕竟每个人的经历与特质都不同，也只有自己才知道什么是最适合自己的方法与过程。记得第一次读到本书时，虽为其智慧深深折服，对这些智慧教导的理解却甚浅。读完以后，需要重温一下，才想起这七大原理都分别讲述了什么。后来陆续将这本书推荐给一些人，他们中有人拍案叫绝，说自己这辈子读过几大书柜的书，这本书是最伟大的，没有之一；也有人对我说，这本书实在太晦涩，实在看不懂。

　　自从遇到这本书后，不断尝试着将自己对它的理解运用于日常生活中。最初只是一种机械化的照搬，在心中问自己，这一事件与赫尔墨斯七大原理中的哪一个相符呢？

并渐渐发现，生活中的每一件事情，无论大小，都在赫尔墨斯原理的伞盖之下。后来慢慢地，这变成了一个自然而然的过程，某一事件发生，会不由得在心中微微一笑："人家赫尔墨斯早就这样说过。"洞察有助于理解，理解了，某些情绪也就不会出现，情绪上的波动自然也就少了。不仅如此，借由运用赫尔墨斯原理，生活中的许多问题也会迎刃而解，甚至根本就不会认为是问题。

　　既然你已经将这本书捧在手中，就说明有许许多多的"因"促成了这个果。既然赫尔墨斯权杖呈现在你的面前，就说明你已经能够拿起它，学着使用它，并通过不断的练习，达到运用自如的程度。这可以从生活中的小事做起，运用赫尔墨斯智慧来面对与解决它们，一小步一小步地向前走。也可以依循每个原理呈现的顺序，利用生活中已经发生或者正在发生的事件来学习与演练，看一看了解赫尔墨斯智慧的你又会如何处理这些事情？看一看自己能否"运用意志力，借由将注意力沉稳地聚焦在自己所希望的状态上来改变自己的心智振动"，并由此来驾驭自己的情绪与心智状态？看一看自己能否通过改变自己的极性，来改变自己的小世界？

　　至此，本书也进入尾声。读完最后一页，合上书，或许

## 第十五章　赫尔墨斯格言

可以对自己说，现在我已经对赫尔墨斯智慧有所了解，我知道宇宙是心智的，信念创造实相；我将运用极性转化艺术，创造自己想要的心智状态；并运用赫尔墨斯智慧将自己调谐于宇宙的运行规律，避开或中和不符合自己期望的外在影响；我知道自己所经历的一切皆非偶然，也愿意对自己所引起的果负起责任，对自己负责，为自己的生活负责。你会发现，带着赫尔墨斯权杖走入这个世界的你，和以往相比是如此不同。你会发现，你的世界也会因此而变得不同。

# Better系列 读者调查

感谢您参加《秘密之书：赫尔墨斯智慧秘典》读者调查活动，传真或邮寄此页（附购书小票）回编辑部，即可获得神秘礼品一份（数量有限，赠完为止）。参加此次活动者还将通过邮件不定期收到Better系列的最新出版信息，敬请期待！

## Step1 您的基本资料

姓名：_____ 性别：□女 □男

年龄：□20岁及以下 □20-30岁 □30-40岁 □40-50岁 □50-60岁

电话：_____ E-mail：_____

学历：□高中（含以下） □大学 □研究生（含以上）

职业：□学生 □教师 □公司职员 □机关 □事业单位 □媒体 □自由职业

## Step2 您对本书的评价

您从哪里得知本书的信息：

□书店 □报纸 □杂志 □电视 □网络 □亲友介绍 □工作坊 □瑜伽馆 □其他

读完这本书您觉得：

内容：□很吸引人 □还好 □枯燥（请说明原因）_____ □您的建议_____

封面设计：□够酷 □还好 □没注意 □不好(请说明原因)_____

□您的建议

价格：□偏低 □合适 □能接受 □偏高 □您的建议_____

## Step3 您的建议

您喜欢哪种类型的书籍：

□经管 □心理 □励志 □社会人文 □传记 □艺术 □文学 □保健 □漫画
□自然科学 其他_____（请补充）

您不喜欢哪种类型的书籍：

□经管 □心理 □励志 □社会人文 □传记 □艺术 □文学 □保健 □漫画
□自然科学 其他_____（请补充）

您给编辑的建议：_____

_____

华夏出版社地址：北京市东直门外香河园北里4号 **Better**编辑部
邮编：100028　　传真：(010)64662584
**Better**编辑部 博 客：http://blog.sina.com.cn/betterbookbetterlife
　　　　　　　微 博：http://weibo.com/1617597092

请延虚线剪下装订寄回，谢谢！